提问的艺术

为什么你这么问

于富荣 周婷 著

中国法制出版社
CHINA LEGAL PUBLISHING HOUSE

| 前言 |
PREFACE

提问与回答是沟通中最为常见的方式，不过在多数人看来，良好的回答才能实现最有效的沟通，然而他们都忽略了这样一个真相，那就是提问才是沟通的重中之重。毕竟，善于提问才能让自己始终处于沟通的主导地位，并能够巧妙地引导他人的思维，使沟通在“提问—回答—再提问—再回答”的循环过程中逐渐趋近于自己所设想的方向。

提问也是改变自身人生轨迹的重要因素。我们每天都可以给自己提出不同的问题，之后无论是通过自己的努力找到了正确的答案，还是通过请教他人获得了有益的指点，我们都能够解除心中的疑惑，并能够按照答案找到行动的方向，而这种行动是有可能导向成功的。

正因为提问具有如此重要的意义，古希腊著名的哲学家、思想家、教育家苏格拉底才会这样说道：“其实我一无所知，我只是善于提问而已。”因此，每一个渴望成功的人都很有必要学会提问。可惜的是，很多人却对提问不够重视，他们总觉得提问是一种随口而来的本能，无须经过特别的训练。可就是因为这样，生活中、学习中、工作中才会充满没意义、没质量、没水平的提问，这样的提问不但不能得到自己想要的答案，有时还会产生“副作用”，会影响人际关系的和谐，阻碍个人的进步，还会破坏成交的机会……如果等到这时再后悔，又该是多么可悲啊。

我们必须给予提问足够的重视，并要进行系统性地学习和训练。我们一定要清楚地知道什么样的问题才算是有价值的，还要学会设计精彩的问题，并做到巧妙地、不失分寸地提出问题。在提问过程中，我们更要开动脑筋去琢磨对方的需求，考虑对方的目的，如此便可放大提问的效果，让提问帮助我们达成目的。

如果你不知道该怎样着手提升提问能力的话，本书便可为你提供全方位的帮助。本书是一本系统性地教授提问知识与提问技巧的方法总集，翻开本书后，你会不停地获得惊喜：你将真切地认识到小小的提问是如何改变自己的人生的，从而培养出宝贵的问题意识；你可以将自己代入书中提供的生动的案例场景中，设身处地地锻炼自己的提问能力；你还可以借助书中讲述的方法，尝试用提问去挖掘信息，去说服他人，去请求帮助，去证明自身，去赢得机会……

很多人依靠提问改变了自己的命运，你也可以做到这一点。不管你是还未走出校门的年轻学子，还是站在讲台上的为人师者；不管你是身处职场的社会人，还是领导团队的管理者；不管你是想实现深层次的自我认知，还是想要多了解一些他人的想法；不管你正在与亲密的朋友、亲人沟通，还是想要与陌生人建立联系，你都可以用书中所学来提出优质的问题，进而实现自己的目的，打造卓越的人生。

还等什么？就从现在开始提出一个最精彩的问题吧！

| 目录 |

CONTENTS

第五章 运用提问技巧，达成沟通目的

第六章 做好提问互动，引导主动参与

第七章 掌握提问分寸，避免踏入雷区

第八章 进行提问实践，成为提问专家

第一章

树立提问意识，打开提问大门

没有问题，是人生最大的不幸

伟大的科学家爱因斯坦说："假如只给我 1 个小时的时间拯救世界，我会先花 55 分钟去发现问题，然后再用余下的 5 分钟解决问题。"也就是说，在爱因斯坦看来，发现问题要比解决问题重要得多。因为只有在问题出现的时候，才能引发人们解决问题的积极行动，才能促使认知不断深入、能力不断提升、思想不断进步。

遗憾的是，越来越多的人会发现自己发现问题的能力正在不断减弱。随着年龄的增长，我们似乎再也不会像孩童时那么容易好奇，那么喜欢问各种各样"稀奇古怪"的问题了。我们掌握的知识日渐丰富，遇到的问题却似乎越来越少。但事实真的是这样吗？

在一家日本汽车公司的生产车间里，有一条生产线上的机器经常停转。工人检查后发现是保险丝烧断才引起机器故障，于是工人马上更换了保险丝，使机器能够重新运转起来。可是还没过一星期，同样的问题又出现了。工人们只能一遍一遍地重复着停工检查—换保险丝—启动机器的过程，每次检修都要花费大半天的时间，既影响了这条生产线的运作效率，又增加了不少生产成本。

后来，该公司的一位副社长注意到了这个现象，他感到很不可思议，不明白为什么工人们不去思考现象背后的本质问题，却总是用些治标不治本的笨办法来解决麻烦。于是，他把该车间的工人都召集到一起，对他们提问道：“这台机器为什么总是停转？”

工人们回答道：“是因为电路超过负荷，导致保险丝被烧断。”

副社长又问：“那电路为什么会超负荷？”

工人们不禁面面相觑，心中都在想：对啊，我们之前怎么没有想到这个问题呢？有位经验丰富的老工人思考了一番，回答道：“大概是因为轴承润滑不够。”

副社长继续追问道：“为什么会出现润滑不够的问题？”

老工人回答：“那肯定是因为油泵轴出现了磨损、松动。”

副社长仍不满意，再一次提问道：“那引发磨损的原因是什么？”

老工人恍然大悟道：“对啊，原来是这样！我们没有安装过滤器，导致铁屑混进了油泵轴，致使油泵轴磨损越来越严重，才会引发这一系列问题。副社长，感谢您的指教，我们知道应该怎样修理这台机器了。”

工人对副社长的“指教”感谢万分，可事实上，副社长并没有直接告诉他们真正的解决办法，而是通过一问一答的过程促使他们自己去思考，去找到真正的问题，并挖掘出问题背后的原因。其实这些问题本该由工人自己去发现，可就因为他们缺乏问题意识，缺少追根溯源的动力，才会忽略了问题的存在。

在生活中，这样的例子并不少见。很多时候问题就存在于我们的身边，可惜我们已经像这些工人一样习惯了熟视无睹，不愿意花费自己的时间和精力去进行深入的探究，所以才会把一些事情当成理所应当，却不会主动去思考这背后的问题之所在。我们的求知欲望就这样一点一点地减退着，总是满足于对事物的一知半解，于是慢慢地，我们就会发现自己遇到的问题越来越少，甚至还会感觉自己的工作、生活、学习都“没有问题”。

殊不知，“没有问题”正是一种非常可悲的，也是非常危险的情况，它会让我们满足于现状，自我感觉良好，却浑然不知自己的知识水平、能力水平已经落后于他人；它还会让我们变得越来越保守，不愿意尝试新事物，总是喜欢以不变应万变，让自己的创新思路完全被堵塞；它更会让我们生出很多思考的惰性，让我们习惯进行浅表性的思考，抓不住问题的要害，一遇到困难就会采取一些治标不治本的办法，结果却让麻烦迭出，矛盾难以根治，成果难以持久巩固，我们的人生层次也因此难以实现大的提升。

也正是因为这样，一位学者才发出了感慨：没有问题，是人生最大的不幸。这句话并非危言耸听，一个人如果没有问题意识，就无法更加主动地去改造主客观世界，也就无法取得一番伟大的成就。所以当我们自觉“没有问题”的时候，就应当警觉起来，试着去分析自己不敢或不会提问的原因，以便树立起问题意识，让自己的人生发生根本性的改变。

那么，“没有问题”最可能是哪些原因造成的呢？

1. 认为自己的提问能力太差

很多人在提问前总是会有一些不必要的担心，他们有时会害怕问题没有问到点上，得到的是意义不大的答案；有时又担心问题会让他人感觉受到冒犯，届时不但达不到提问的目的，还会影响人际关系的和谐，所以他们宁可噤口不言，也不会轻易提出自己的问题。这类人在过去往往有一些失败的提问经历，因此才会对自己的提问能力很不自信。

但是，提问能力是需要不停地锻炼才会逐步提升的，如果不多寻找机会主动提问，就只会让自己成为一个不懂提问、不会提问的人，更会因此损失很多人生机会。只有勇敢地开口提问，在实践中日复一日地锻炼，我们才能掌握越来越多的提问类型、提问技巧和提问方法，最终便可成为拥有卓越提问能力的沟通高手。

2. 觉得自己对事物有足够的了解

这类人和那些不自信的提问者完全不同，他们的问题是太过自负，总觉得自己已经知道得很多，了解得很多，所以就没有什么值得去提问的了，但事实真的是这样吗？知识的海洋是没有边际的，谁也不敢说自己已经掌握了足够的知识，法国思想家伏尔泰这样说道："书读得越多而不加思索，你就会觉得你知道得很多；而当你读书而思考得越多的时候，你就会越清楚地看到，你知道得还很少。"由此可见，那些自负的人恰恰是因为思考得太少、提问得太少，才会误以为自己已经学富五车，而这种错误和肤浅的认识将让他们止步于一个很低的层次，更会让他们的思维变得僵化，使他们无法完成有挑战性的任务，更无法登上人生的高峰。

怎样改变这种局面呢？答案只有四个字，那就是要"积极提问"，只有承认自己的无知，看透自己的不足，再用一个又一个的提问去激活思维、探寻真理，才能弥补自己在知识上的漏洞，让自己变得更加优秀、更加强大。

3. 没有养成持续提问的习惯

提问应当成为一种终生习惯，只有不知疲倦地提出问题，才能深刻地理解知识和道理。但是很多人在成长的过程中，缺乏足够的提问方面的引导，导致他们无法形成这种有益的习惯。比如，在孩提时代，当我们带着好奇心询问父母或其他长辈问题的时候，他们可能很少会关注我们的提问意识，总是会用“小孩子问那么多做什么”来敷衍我们，于是我们也就不再热衷于提问，并会慢慢丧失这一重要的技能。

这种问题在我们长大之后也没有得到很好的解决，我们可能会在学校、工作单位学到方方面面的知识，但它们大都是一些现成的解决方法，只能够让我们克服眼前的困难和障碍。可是下次该怎么办？遇到其他问题该怎么办？却很少有人会告诉我们，因为比起思考问题、提出问题，大家普遍更重视解决问题。凡此种种，都会影响提问习惯的形成。想要有所改观，就要依靠我们自己去有意识地持续提问、积累问题，唯有如此，我们才能从提问中获得有价值的回馈。

4. 习惯于盲从权威的意见

质疑精神也是问题诞生的一大前提，明代学者陈献章说过：“前辈谓学贵有疑，小疑则小进，大疑则大进。疑者，觉悟之机也。”这句话充分说明了质疑精神的可贵之处，遗憾的是，曾几何时，我们已经慢慢失去了通过提问质疑和求证的能力，对于自己接收到的信息，我们不会进行甄别，特别是那些出自权威之口的信息更是容易让我们轻信而盲从。可是权威并不是科学和真理的化身，他们有时也会出现差错，所掌握的知识也不能面面俱到。因此，我们不能一味地盲从，否则难免会妨碍自己的思考与创新能力的培养，也会限制提问习惯的培养。

了解了上述原因之后，我们可以结合自身情况进行分析，看看自己可以从哪方面入手去培养提问意识，并要学会发现问题、思考问题、探究问题，然后才能积极地解决问题。在这个过程中，我们才能获得让自己持续发展和进步的强大动力。

树立主动意识，会问才有机会

对于很多人来说，问题的出现就意味着麻烦的到来，他们会本能地选择逃避问题、减少麻烦，可也因为这样，他们失去了很多宝贵的机会，导致自己一生碌碌无为、一事无成。而成功者的做法却恰恰相反，他们不但不会害怕问题，还会树立起主动意识，去积极地发现问题、提出问题，因为他们知道，问题其实就是机遇。所以他们会大胆地提问，并会努力寻找一些别人没有发现的问题，然后再率先找到解决问题的办法。这样一来，他们就可以从众人中脱颖而出，成为出类拔萃的人才。

有一个年轻人来到一家石油公司工作，最初因为缺乏经验，他被上级安排到了一个没有技术含量的岗位，每天都做着极其简单的重复性工作——用一台机器给油桶封口。在最初的一段时间里，年轻人每天都会抱怨不已，他认为自己聪明能干，完全有能力做一番伟大的事业，可惜公司却不肯给他一个机会。于是他开始变得懒散懈怠，每天抱着应付的态度去对待工作，经常会出现一些不必要的小纰漏。

这天，上级把他叫到办公室里，狠狠地批评了他一顿，让他认识到了自己的错误。上级对他说："机会都是自己争取来的，不努力的人永远都不可能得到机会。"这句话让他受到很大的触动，从那以后，他开始安下心来，认认真真地做事，不让自己错过工作中的任何一个细节。

有一天，他在焊接封口的时候突发奇想，提出了这样一个问题："我焊接一个封口要用多少滴焊接剂呢？"带着这个问题，他开始一边点数一边工作，最后惊讶地发现每次焊接都需要 39 滴焊接剂。

这个聪明的年轻人马上又提出了一个新的问题："为什么必须是 39 滴，而不能是 38 滴呢？"为了找到这个问题的答案，他一次又一次地尝试改进每一道工序，最后研发出了一种新的焊接机，每次只需要使用 38 滴焊接剂就能完成工作。他把这种机器推荐给公司，获得了高层的高度评价，很快就晋升到了更高的职位。他发明的这种焊接机虽然只能节省一滴焊接剂，可是积少成多，每年竟能给公司减少 5 亿美元的成本。

这个年轻人就是后来的美国石油大亨洛克菲勒。他发明“38滴焊接机”的故事赢得了人们的交口称赞，而他的成功正是从提出问题开始的，问题带给了他求之不得的好机会，让他最终实现了自己的梦想。

与洛克菲勒相比，现在很多年轻人最缺乏的就是这种善于提出问题的主动意识，他们经常会抱怨社会没有给自己足够的机会，可是他们却没有想过机会到底会出现在哪里？其实，在工作中、生活中遇到问题的时候，正是机会到来的信号。假如我们能够抓住这样的机会，大胆地提出问题，然后用心去钻研，就能够让自己的能力得到锻炼，并能够获得很多宝贵的机会。

在这个过程中，提问不仅能让我们变得更加成功，还会让我们获得更多的快乐。很多人都有过这样的经历，在阅读一本内容深奥的著作时，如果不知道作者想要阐述什么样的观点，想要解决什么样的问题，就会觉得非常无聊，甚至会有读不下去的感觉。相反，若是在读书的过程中一直有问题产生，并能够从书中找到答案，读书就会变成愉快的“解谜”过程，会让自己越读越有激情，甚至会有欲罢不能的感觉。

类似的情况也会出现在工作和学习中。比如，当我们机械性地重复进行着“无聊”的学习任务和工作任务的时候，总是很难提得起精神，而且还容易感到疲倦，注意力也无法集中，这其实也是由于不会提问造成的。假如我们在完成任务的过程中，能够不时地给自己提出一些有趣的、富有挑战性的问题，再发挥自己的聪明才智去思考和解答，那些味同嚼蜡的事情就会变得有意思多了。

因此，当我们开始感觉“无聊”、感觉自己没有机会的时候，千万不要放任自己陷入这种痛苦的状态，而是应当尽快向自己、向他人提问。美国苹果公司的创始人之一史蒂夫·乔布斯就非常重视提问，他有一个很好的习惯，就是在每天早上起床洗漱时，凝望着镜中的自己，对自己提问道：“如果今天是生命中的最后一天，我还会继续完成今天要做的事情吗？”

这个提问可以帮助他发现工作和生活的意义，如果他能够毫不犹豫地回答“是”，那就说明他对自己要做的事情的意义认识得非常清楚，也愿意为之付出时间和精力；若要回答“不是”，那就说明这些事情不值得自己付出，而他也就可以开始考虑该如何做出改变了。

主动提问让乔布斯不断走向成功、走向卓越，那么渴望成功的我们该怎样去锻炼自己主动提问的意识呢？

1. 在工作中培养主动提问的意识

面对工作，我们不能有“做一天和尚撞一天钟”的消极心理，而是应当带着问题意识去审视自己的工作，从而发现自己在工作方法和工作态度上存在的问题，继而就可以研究和解决这些问题，并可以得出对工作的一些系统性、规律性的认识，使自己的工作水平能够不断得到提升。洛克菲勒能够从小小的油滴中发现机会，靠的就是这种主动提问的精神。

2. 学会在生活中主动提问

世间问题无处不有，我们之所以没能发现它们，一方面是因为缺少一双善于观察的眼睛，另一方面则是因为我们习惯了忽视小细节、小问题，才会屡屡失去发现问题的机会。所以在日常生活中，我们要主动去强化自己的“问题意识”，对于身边看似寻常的事物，不应掉以轻心，而应注意观察，并要学会多问几个“为什么”，这样可以提升我们对于问题的敏感度，有助于形成主动思考的好习惯。

风靡全球的饮料“宝矿力水特”就是在这样的提问中诞生的。当时饮料的开发人员到国外出差，不幸食物中毒，因为腹泻引起脱水，不得不注射大量的生理盐水缓解不适。开发人员坐在病床上，看着慢慢滴液的吊瓶，忍不住提问道：“有没有喝一口就能补充电解质的饮料呢？”这句话一出口，逗笑了医生，医生摇头道：“没有这样的饮料。”这位开发人员带着这个问题回国后，就开始从事这方面的研究，并成功研制出了含糖、电解质的健康饮料，能够为人体补充能量和水分，还能缓解疲劳、改善代谢。这款饮料一经推出就受到消费者的热烈追捧，取得了空前的成功，而这一切都要归功于当初那个独特的问题。

3. 在学习上也要多多主动提问

《论语》有云：“学而不思则罔，思而不学则殆。”这里的“思”就可以理解为问题意识，是要让我们带着问题去学习，要搞清楚知识的来龙去脉，而不能只满足于被动地接受前人的总结、归纳好的知识，否则我们就会逐渐失去宝贵的创造力和批判性思维，也很难产生自己独到的见解，最终难免会变成“死读书，不求甚解”的书呆子。

也就是说，不管在什么时候，我们都要让脑子里装着问题，这样才能清楚地、深入地认识周边的一切事物，也才能让自己变得更加机敏、更加灵活，才能更好地适应社会的变化和发展，成就自己卓越不凡的人生。

那些像洛克菲勒这样最终走向成功的人正是这样做的，他们会积极地对待自己正在做的事情，会发挥自己敏锐的洞察力去发现那些不寻常的迹象，进而提出一个又一个问题。有很多苦叹自己没有机会的人也是在这个阶段走向平庸的，机会向来都是平等的，同样的机会就潜藏在问题之中，而问题摆在了所有人眼前，可是庸人却忽视了它们，没能重视其中的机会，甚至还会嘲笑那些从问题中寻找机会的人，这是多么的可悲啊。为了避免让自己成为这样的庸人，我们应当时刻提醒自己：问题就是机会，只有成为积极主动的人，才能抓住这些来之不易的机会。

某公司的一位销售员一直为自己的业绩不佳而烦恼。有一天，同事给他出了一个主意，让他带着印刷精美的产品画册和订单去高档住宅区挨家挨户地敲门。

销售员接受了这个建议，当天，他就来到了公司附近的一个小区，一栋楼一栋楼地发放画册。由于他的态度非常诚恳，很多住户都收下了画册。

销售员非常高兴，他认为这次一定能够拿到不少订单，可是几天后当他再次敲门的时候，却失望地发现没有一家住户愿意订购产品。

销售员沮丧极了，他垂头丧气地回到了公司，那位同事看到后，问他是怎么回事。他用抱怨的语气说道："你说的方法一点儿用都没有，我的腿都快跑断了，却没有拿到一张订单。"

同事惊讶地说："这怎么可能，你快告诉我，你是如何回收画册的？"

销售员无奈地说："我敲开了那些住户的门，恭恭敬敬地对他们说'您好，我是来取回画册的。'可他们什么都没有说，只是把画册递给了我，我也只好就此离开。"

同事哭笑不得地说："难怪你会没有订单。你为什么不问问他们：您看过这份画册了吗？觉得我们的产品怎么样？画册第10页有一些折扣信息，价格非常优惠，不知道您是否感兴趣呢？我们这季主打的新产品具有×××的功能，您想不想了解一下……你看，有这么多问题可问，说不定某个问题就能引起对方的购买意愿了。就算他们暂时还不想购买，你也可以通过提问得到一次对话的机会，要是能顺便留下对方的联系方式就更好了，过几天你还可以再争取一下，这不都是促成销售的好机会吗？"

同事的话让销售员又惊讶又惭愧，他终于找到了自己业绩不佳的原因，也知道自己在学习提问的道路上还需要付出很多努力……

这个例子也告诉我们，要想得到机会，就不能消极、被动地等待，而应该主动去提问，这样机会才会越来越多。

当然，在提出问题之后，我们也不能高枕无忧，而是应当发挥自己的主观能动性，从心理上向问题宣战。之后就要密切地观察问题、审慎地分析问题，这正是把问题转化为机会的关键环节。更值得一提的是，在问题得到了圆满的解决之后，我们也不能为已经取得的成绩沾沾自喜。因为，问题是不可能消失的，随着认知的不断深入，难度更大也更有挑战性的新问题又会不断涌现，所以我们一刻也不能懈怠，要秉持着“从问题中寻找机会”的意识，尽自己最大的努力去征服更多问题。

在此过程中，我们的能力不断得到提升，也掌握了很多解决问题的好办法，问题对我们来说就再也不会是障碍了，而会成为支持我们走向成功的一块块跳板。

积极提问，让思维充满活力

当我们思考问题并提出问题的时候，大脑就开始了高速的运转，有效的思维过程由此展开。因此从某种意义上说，提问正是思维的起点，它能够激活思维，并能为思维提供无穷的动力。相反，如果没有了积极的提问，思维就会失去应有的活性。

一个由多名教育专家组成的代表团来中国访问，他们来到了某市的一家重点中学，旁听了一次公开课。公开课是在该校高三年级的一个班级中进行的，授课的是一名优秀教师，她在课堂上十分注重启发学生的思维，不断地向学生提出角度新颖的问题。学生们的反应也很积极，纷纷举手回答问题，个别学生给出的答案也颇有创意。整堂课进行得十分顺利，课堂气氛非常热烈，教师自己也觉得非常满意。

在临近下课时，教师微笑着问学生："大家还有什么不明白的地方吗？"学生则像往常一样,异口同声地回答道："没有了！"

就在这时，教师注意到那些专家的表情变得非常凝重，有几位专家还在默默地摇头。教师心下狐疑，就在下课后诚恳地向专家们请教道："请问我的教学方法有哪些需要改进的地方？"

一位专家说道："要改进的地方还有很多。我发现你提出的所有问题学生都能回答，那你这堂课还有上的必要吗？教师教育学生，不能仅仅满足于灌输知识，你应当引导他们进行积极的思考，要用你的问题去引出他们更多的问题，可是你却通过事无巨细的讲授阻碍了他们思考的过程，当他们回答'没有问题'的时候，我真的很为他们感到难过。"

这位教育专家对于提问的看法值得我们深思，在他看来，主动提问的环节是非常必要的，它就像是思维的引擎，能够帮助思维启动，并促进新思维、新创意的诞生。当一个人开始自觉地思考"是什么""为什么""怎么办"的时候，思维才会自由地延伸开来，对问题的认识才会越发地深入、透彻。如果缺少了这样的环节，思维必然会受到阻碍，最终只能产生一些肤浅的认知，无法触及事物的本质。

因此，我们应当重视提问的价值，要充分地激活我们的思维，并要经常怀疑、随时发问，这样才能更好地了解事物的本质和全貌，并能够给出自己独特的意见和想法。在这个过程中，如果我们感觉缺乏足够的头绪，就可以参考国外很多专家非常推崇的“5W1H分析法”，这种方法主要包含以下几个方面的内容：

1. What（什么）：我们可以这样问自己：“我真正要解决的问题是什么？”“这个问题的影响是什么？”这可以帮助我们认识到提问的目的，使我们能够始终明确思考的对象是什么，因而就不会出现天马行空、毫无目的的胡思乱想。

2. Why（为什么）：这类问题需要我们想清楚事情的原因，如“为什么要采用这个技术参数？”“为什么不能改用其他的参数？”在第一次问“为什么”的时候，我们可能只能获得表面的原因，但若是连续不停地追问下去，每次都多问自己几个“为什么”，我们的思维就能逐渐触及更深的层次，有助于寻获根本原因。

3. When（何时）：这类问题是针对时间和程序等因素进行提问，如“这件事是什么时候发生的？”“这个程序能否放到那个程序之后去完成？”探讨这类问题可以理顺我们的思维，还可以帮助我们找出最可能出现问题的时间点，能够让我们更加顺利地开展各项工作。

4. Where（何地）：这类问题是针对地点、位置等因素进行提问。如“这件事情要在哪里进行？”“能否变更一个新的地点？”“纰漏可能出现在哪里？”从这类问题入手，我们的注意力就可以聚焦于更加关键的地方，能够减少盲目思考造成的时间和精力的浪费。

5. Who（谁）：这类问题主要是针对责任人来提问，如“这件事情会涉及哪些人？”“主要负责人是谁？”“换一个人主持这项工作是否可行？”像这样多问几个问题，就能够帮助我们明确职责，使我们可以更快地梳理任务、做好分配，也会让我们的思维变得更加清晰明朗。

6. How（怎么样）：这类问题需要我们想出切实可行的解决方案。如“我们该怎样完成这个项目？”“还有更加高效的办法吗？”在进行这样步步深入的思考后，我们就会逐渐找到解决问题的方案。

这种“5W1H 分析法”是一种全方位思考并提出问题的方法，也是一种反复提问的方法。我们可以看到，其中每一方面都需要通过对若干问题一层一层地探索才能获知答案，而且这六个方面缺一不可。

在实际操作中，我们可以将这六个方面分别列出，然后将它们作为自己思维的起点，尝试提出问题、给出答案。然后再用答案引发新的思考，产生新的问题，如此循环深入，思维就会变得更加清晰，困扰我们的难题也会豁然开朗。

持续提问，激发内在动力

提问不仅能够使我们更好地认识世界、适应世界，还能够引导我们能动地改造世界。当我们被陈旧的思想束缚的时候，当我们终日只能在习惯性的套路中打转的时候，持续提问就会激发我们的内在动力，一个个新颖的、角度奇特的问题能够让我们跳出条条框框，使我们不被思维定式所限制和束缚。在此基础上，我们就能够创新自己的思想，锻炼推陈出新的能力，从而开拓出崭新的局面。

美国当代著名的发明家迪恩·卡门就是一个热爱提问的人。他拥有400项专利，其中最著名的是赛格威平衡车、全自动轮椅和“弹弓”水净化系统，而这些伟大的创意都是从持续提问中诞生的。

卡门16岁的时候，曾经到一家天文馆参观，在参观结束后，喜欢观察和思考的他立刻提出了这样一个问题：“为什么这家配备了最先进展示技术的天文馆却仍在使用烦琐落后的照明系统呢？”卡门以前研究过电箱，知道可以通过电子手段改造照明设备，省去手动操作的很多步骤。于是他准备了一套方案，准备介绍给天文馆的馆长。可是馆长认为他太年轻了，不信任他的能力。不服输的卡文想办法弄到了员工通行证，偷偷地将自己发明的设备接到了天文馆的系统上，经过反复调试后，这套系统能够成功运转，而且效果非常理想。卡门这才去找馆长坦白“真相”，馆长虽然有些生气，但也不得不承认这个年轻人确实具有非凡的能力。后来，馆长索性正式聘请卡门安装和管理照明设备，并为此支付给他 8000 美元。

有了这次成功的体验后，卡门更是爱上了“发现问题—提出问题—解决问题”的思考路径。只要是他觉得有研究价值的事情，他都会积极地向自己、向他人提问，以便找到最好的解决方案。有一次，卡门的哥哥无意中说道：“我在哈佛大学医学院负责婴儿部，每天最烦恼的事情就是给那些小婴儿喂药，因为剂量实在是太难掌握了，稍微过量就会有致命的危险……”

卡文马上提问道：“能不能用微处理器来定时释放定量的药物呢？”哥哥连连点头：“当然可以，可是市面上还没有这样的处理器。”从这天起，卡门就专心投入到微处理器的研究中，并很快拿出了成果。不久，新的微处理器就通过了临床实验，还引起了业内人士的重视。卡门开办的公司也因此获得了大批订购单，生产出的微处理器供不应求，为他带来了大量的利润。

卡门由这件事认识到了医疗器械的重要性，而这也成了他之后的研究方向。每天，他都会提出大量的医学问题，同时也会关注别人的提问，并从中选取最亟待解决的问题重点钻研。

“糖尿病人需要经常注射胰岛素，不方便去医院，该怎么办？”卡门针对这个问题发明了可随身携带的胰岛素泵。

“尿毒症病人能否在家做肾透析？”卡门又针对这个问题发

明了便携式肾透析机。

美国国防部门打来电话询问：“有没有可能为伤残军人制作一种高灵敏度、高自由度的义肢，让他们能够毫无困难地生活？”这个问题难度极大，卡门成立了团队，花费了大量心血，研制出了高科技义肢“卢克之手”。残疾人配备上这种义肢后，可以顺利地完成取物、吃饭、翻身等动作。

解决了这个问题后，卡门又有了新的疑问：“能否为失去腿的病人发明一种可以自由爬楼梯、上下坡的轮椅呢？”之后，他用了10年时间潜心研发，推出了多功能轮椅——iBot，这款轮椅可以在沙地、草丛、石子路上自由前进和后退，也具有爬坡、上楼梯的功能。凭借这项发明，卡门获得了国家科技奖章，还得到了总统的亲自接见。

在iBot轮椅的基础上，卡门又开发了简化版本，可以为普通人提供代步服务，而这就是最初的赛格威平衡车。这项发明问世后，引发了空前的轰动，就连微软公司创始人比尔·盖茨、苹果公司创始人史蒂夫·乔布斯都对它赞不绝口，大家一致认为平衡车会改变人们的出行习惯……

迪恩·卡门的创新之路就是建立在一次又一次提问的基础上。他的成功告诉我们，提问是创意之源，是成功的根本，它能够提供源源不绝的正能量，使我们不会满足于固有的思维，也不愿跟随或模仿别人的做法，而是会找到未被关注和开发的领域，寻求独辟蹊径的解决办法，由此便可获得更多辉煌的成就。

我们应当以迪恩·卡门为榜样，用持续提问来激发自己的内在动力：

1. 提问可以激发我们的学习力

当我们养成了持续提问的好习惯后，就能够以最快的速度、在最短的时间内学到新知识，获取新信息。提问能够引导我们的思维，让我们发现知识与知识之间的逻辑关系，从而可以把学习不断推向纵深，让自己成为拥有优秀学习力的人才。

2. 提问能够激发我们的想象力

想象力最大的敌人就是接受一成不变的现实，而提问恰恰是因为不满足于现实才会产生疑惑，从而不断发问。当一个人能够从新的角度去看待旧的问题，继而能够提出新的问题、新的可能性的时候，就说明他正在运用自己的想象谋求改变令自己不满意的现状，而这必将带来很多令人惊喜的新变化。

3. 提问能够激发我们的创造力

提问被人们称为“创造力的翅膀”，其重要性可见一斑。著名教育家陶行知说：“发明千千万，起点是一问。”那些和迪恩·卡门一样拥有卓越创造力的人也都很喜欢提问：“是什么？”“为什么？”“怎么办？”凡此种种，都能引发他们创造的欲望，推动着他们不断收集信息，去验证自己的假想，并最终拿出富有创意的发明成果。由此可见，想要培养创造力，就应当养成持续提问的好习惯。

正是因为提问具有如此重要的意义，所以我们无论如何都不应当停止提问，而是应不知疲倦地持续提问。要学会用提问来锻炼自己的头脑，扩展自己的眼光和思维，从而不断提升自己的价值，改变自己的人生历程，实现自己的人生目标。

积累问题，就是积累经验

荀子有云：“不积跬步，无以至千里；不积小流，无以成江海。骐骥一跃，不能十步，驽马十驾，功在不舍。锲而舍之，朽木不折；锲而不舍，金石可镂。”这段话告诉我们，成功离不开一步一步脚踏实地地积累经验。经验比任何说教都重要，它能够决定我们人生的高度。缺少必要的经验，会让一个人显得幼稚而苍白，无法成功跨越生活的难关，通过人生的试炼。

那么，如何让自己的经验从贫乏变得厚重呢？这不光需要我们不断地进行实践，还需要我们主动去思考问题、提出问题、解决问题。只有不停地重复这个过程，我们才能逐渐弥补自己在经验上的不足，也才能让自己从错误中吸取教训，避免在将来犯同样的错误。问题的增多会让我们变得更加睿智，能够拥有解决各种疑难的经验。因此，从某种意义上说，积累问题就是在积累经验。

张翰和李奇是某公司的两名新员工，两人之前都没有什么相关的工作经历，需要从零开始积累工作经验，也因此遇到了很多困难。

张翰是一个善于思考、喜欢提问的人，在工作中遇到困难后，他会先向自己提问："到底是哪里没有做好呢？"之后他会认真地检查每一个工作环节，想办法找到每一个微小的纰漏。经过了这样的自查自审之后，如果问题还是没有解决，他就会向上级或有经验的同事请教："打扰您了，麻烦您帮我看看这项工作是哪里出现了问题？"由于他态度诚恳，又表现得十分谦虚好学，所以被提问的人也愿意给他一些指点，而这无疑让他的工作经验得到了飞速的提升。

张翰用了很短的时间就适应了自己的本职工作，但他对此并不满足，常常会思考一些如何提高工作效率、节约工作时间的问题。有一次，他在部门会议的自由发言环节中提出了一个与改进工作流程有关的问题，引起了上级的重视。后来部门根据张翰的思路对工作流程进行了改革，居然将工作效率至少提升了15%，张翰也因此获得了公司颁发的"年度最佳创意奖"。

与张翰相比，李奇的表现就只能说是平淡无奇了。他看上去懒懒散散，对工作的态度是能拖则拖、敷衍了事，对于上级交代给他的任务，他从来不去想"为什么我要做这件事""我能不能把事情做到更好"。他每天只是一味地重复操作，遇到困难马上就推给上级，工作经验始终停滞不前。时间长了，上级对他越来越失望，还把他列入了准备淘汰的名单……

两名起点相同的员工为什么会有如此之大的差异呢？原因就在于一名员工善于提问，并通过一个又一个问题实现了经验的积累、能力的提升，同时也为自己赢得了更多的机遇和更大的发展空间；而另一名员工却恰恰相反，他终日虚耗自己宝贵的时间去做一件同样的事情，不思考、不总结、不提问，按照这样的做法，就算经过十年、二十年也不会有多大提升，对于个人来说也没有什么发展性可言。

每一个渴望有所作为的人都应当努力锤炼自己的问题意识，要像第一名员工这样在积累问题的同时，努力积累自己的经验和能力。从短时间看，这样的积累似乎没有什么明显的作用，但随着时间的不断推移，积累的经验就会化为巨大的能量，能够推动我们最终敲开成功的大门。

那么，我们如何通过提问来实现积累经验的目的呢？以下几点是最值得我们关注的：

1. 找到最值得累积的领域

我国著名的建筑技术科学专家吴硕贤曾经说过这样一句话："立足于自身的研究领域，专心钻研才能积累经验，才能熟能生巧，才能由量变走向质变。"这也提醒了我们，要想积累经验，就要先找到最适合自己的、对自我成长最有价值的领域，然后抛下自己的"锚"，深入地去钻研，才能够产生实际的意义。

为此，我们可以从以下几点对自己进行提问：

（1）我最感兴趣的领域是什么？

这个问题可以帮助我们发现自己的兴趣点，而兴趣对于成功来说具有非常重要的意义。它能够指引我们在某个领域深耕细作，并且很容易坚持下去，因此就有可能积累大量经验，并有望成长为该领域的专家级人才。比如，我们可以这样对自己提问：

“我对演讲很感兴趣，有没有可能让自己成长为一名专业的演说家呢？”这样的问题会让我们不再迷茫，将会让我们在追寻成功的道路上走得更加稳健。

（2）我最擅长从事哪个领域？

每个人都有自己擅长的领域，也可以叫作个人的优势区域，在这种领域中积累经验，无疑会产生事半功倍的效果。不过很多人对自己的优势还没有清晰的认知，所以就需要通过提问来帮助自己找到答案。我们可以像这样对自己提问：“哪个领域最能吸引我的注意力？”“我对哪个领域的问题最为敏感？”“我在哪个领域收获的成功最多？”这些问题可以帮助我们进一步梳理出值得积累经验的细分领域，能够让我们的奋斗路径变得更加清晰。

（3）我在哪个领域拥有可以利用的资源？

是否拥有相关的资源，以及资源的规模大小会影响我们积累经验的速度快慢。所以我们应当进行与资源有关的提问，看看自己是否具备可以在某个领域充分运用的知识、人脉、渠道等资源。有一位打算自主创业的人士就通过提问整合了自己拥有的人脉资源，发现自己进入企业培训领域是最为适合的，因为这个领域是自己很感兴趣的，而且能够发挥出自己最擅长的沟通能力，并且还能调动之前积累的同事关系、客户关系，可以为创业增添更多成功的可能。后来事实的发展确实如他所料，他用了短短几年时间就积累了丰富的行业经验，在业内的名气也越来越大。在这里，培训领域对于他来说就是最值得积累经验的领域，而他能够顺利地找到该领域，也是通过一次又一次自我提问后才得以实现的。

2. 养成及时复盘总结的好习惯

积累经验不能依靠蛮干、瞎干来实现，而是要从自己正在从事的领域中找到正确的方法论。这可以通过不断地复盘总结来实现，也就是要在行动之后再重新回顾一遍，以便分析得失、深化认识、校正目标……在此过程中，提问无疑会为我们提供很多助益。

复盘总结中的提问可以从以下几个角度进行：

（1）通过提问总结经验教训

联想集团主席柳传志说："一件事情做完后无论成功与否，坐下来把当时预先的想法、中间出现的问题、为什么没达成目标等因素整理一遍，在下次做同样的事时，自然就能吸取上次的经验教训。"这就是复盘总结的精髓，它能够帮助我们从过去的成功和失败中得到收益，从而可以改进未来的表现。我们不妨参考柳传志提出的思路进行相应的提问，如"目前获得的成果与预想的结果有差异吗？""在行动过程中出现了哪些问题？""没有达到既定目标的原因是什么？"这些问题能让我们找到最有效的方法论，也能让知识快速沉淀，成为宝贵的经验和能力。

（2）通过提问制订新的行动计划

通过不断的复盘和总结，我们已经了解到自己成功的关键因素和失败的根本原因，之后就可以借助提问来制订下一步的行动计划。如"为了提升效果需要实施哪些新举措？""为了避免失误需要取消哪些举措？""哪些举措需要留待进一步观察？"这样的提问可以帮助我们吃透问题产生的原因和影响，从而能够积累大量的解决问题的实用经验，使我们能够更加准确地估计问题产生的概率，并可以找到最佳的应对方法，还可以为可能出现的问题准备应急预案。

必须指出的是，在复盘总结的时候，我们需要通过提问来思考真正的、深层次的根本原因，而不能停留在如何解决暂时的症状这一层面上，否则我们从中获得的经验就会大打折扣。此外，我们还需要通过系统化的视角去自我提问或向他人提问，这样才能不断发现问题的本质，并能够让自己在经验和能力方面做到与日俱增。

面对权威，也要敢于用提问去质疑

人们常常会习惯性地认为权威就是绝对正确的，是不应该被怀疑的。面对权威，人们逐渐失去了自我思考的能力，一味迷信权威人士说出的言论，思想、行动不知不觉地被束缚。久而久之，就会造成思维的僵化、认知的落后，人们所持的观念也会与不断发展的社会严重脱节。

事实上，权威并非完美无缺，他们所说的也不一定是绝对的真理。我们只有大胆地去质疑，用一个又一个问题去挑战权威、追求真理，才能不断取得进步，进而逐渐走向成熟、走向成功。

华罗庚是我国著名的数学家，他也是一个具有质疑精神的人，从不迷信任何权威、名人。有一次，华罗庚读到了唐代诗人卢纶的《塞下曲》,诗中写道:“月黑雁飞高,单于夜遁逃。欲将轻骑逐,大雪满弓刀”，这首诗没有直接描写激烈的战斗场面，却用巧妙的手法营造出了意蕴悠长的氛围,给读者留下了广阔的想象空间。华罗庚最初也陶醉于诗歌的意境中，可再三品味后，他又隐约感觉诗中的细节有些不合理的地方。

他思考了一段时间后，提出了这样的问题:“大雁是候鸟，等不到大雪纷飞就该飞到南方去过冬了，怎么会出现大雪天‘雁飞高’的场面呢？何况没有了夜色，四野一片漆黑，人们又怎么看得见大雁的踪影呢？”他带着这些问题去问了几位朋友，可是大家都说:“这首诗流传了这么久，从未听过有人提出这样的问题，恐怕是你想多了吧。”华罗庚却不服气地说:“也许有人有同样的想法，只是他们没有勇气大胆质疑而已。”之后，他索性写了一首质疑诗表达自己的异议:“北方大雪时，群雁早南归。月黑天高处，怎得见雁飞？”

不久，这首诗被刊登在了《中国青年》上，引起了很大的反响，由于华罗庚是学术界的权威人士，所以很多人并未细想就纷纷附和，还称赞华罗庚富有质疑精神。没想到有一名年轻的中学生却对华罗庚的质疑再次进行了质疑，他还特地给华罗庚发来一封长长的信，在信中提问道:“塞外气候与内陆气候有很大的不同，塞外可能会在阴历八九月就下大雪，这时正是北雁南归的季节，你怎么知道不会有大雁在空中飞过呢？而且在夜晚漆黑一片的时候，人们虽然无法看到大雁，但能够听到它们在高空鸣叫，所以就会知道它们飞得很高，你怎么能单凭自己的主观判断就断定卢纶的诗歌是错误的呢？”

读完中学生的信后，华罗庚十分惊讶，他赶紧查阅资料，又询问了有关专家，证明了中学生的观点是很有道理的。华罗庚立即写了致歉信，登报向读者道歉，承认自己观察体验不够，才做出了错误的判断。在信中他还特别赞扬了那位敢于质疑的中学生，说自己应当向他学习。

华罗庚不迷信古人，能够就心中的疑问提出问题，大胆质疑。与此同时，那位中学生也没有迷信权威，他敢于坚持自己的观点，并提出了充足的论据，对权威表示质疑。正所谓“长江后浪推前浪，一代新人胜前人”，敢于质疑，才能推动进步，才能收获真理，才能不断冲破思维的藩篱，获得更多的、更新颖的发现。

从古至今，因为质疑而创造出奇迹的事例并不少见：伽利略在年轻的时候，曾经对权威思想家亚里士多德提出了质疑，还当众做了比萨斜塔实验，证明了自由落体定律；哥白尼敢于质疑权威天文学家托勒密的“地球中心说”，这才提出了日心说；默默无闻的科学家菲涅尔大胆质疑科学巨人牛顿的光学理论，并为此饱受指责，但最终事实证明他的理论才是正确的；袁隆平在研究杂交水稻时，勇敢地冲破了当时具有权威性的传统认知，执着地为自己的新观点寻求证据，最终成功跨越了水稻育种的“禁区”……

面对权威应当采取怎样的态度？这些成功者已经用自己的亲

身经历为我们做出了最好的示范：

1. 要打破对权威的盲目崇拜

世间存在许多所谓的权威，我们不能无条件地信任他们，却忘记了真理的存在。我们要努力让自己认识到，权威所讲的话并不一定都是对的，再伟大的人物也不可能完美无缺，人类的发展历史从某种程度来看就是后来者不断质疑权威的历史。所以我们不能过分地盲从于权威，而是应当培养自己独立思考的能力，去发现权威身上存在的问题，并敢于提出大胆的质疑。

2. 要把自己放在与权威对等的位置上

权威一般都是某个领域的前辈、导师、成功人士，拥有绝对的话语权和不可小觑的地位。但即便如此，我们在与权威人物交流的时候，也不能够妄自菲薄，不能把自己放在一个极低的位置，因而不敢向对方提出自己的问题，害怕这样做会对对方造成“冒犯”。我们应该从平等的角度出发，与权威人士展开对话，坦坦荡荡地发出自己的声音，提出有创见的问题。那些心胸宽广的权威人士不但不会觉得反感，反而会很欣赏我们这种自由独立的意识，并会感谢我们用提问为他们提供了很多宝贵的灵感。

3. 要对自己有信心，敢于坚持自己正确的判断

在权威所持的理论、观点与我们的判断大相径庭的时候，我们该采取什么样的措施呢？我们应该无条件地放弃自己的意见，接受权威的观点吗？当然不行！如果像这样轻易屈服，我们就永远得不到成长和进步的机会了。因此，我们不能轻易地被权威吓倒，也不要受流行观点的牵制，而应相信自己的观察和清醒的判断，表现出大无畏的勇气，大胆质疑、绝不退缩。

一名年轻的文学爱好者乐洋报名参加了一个创作训练班，在老师的鼓励下，乐洋开始撰写自己的第一篇短篇小说。

他用了一个月的时间完成了创作，并把作品交给了老师，老师认为他应该当着全班学员的面将作品朗读一遍。乐洋虽然有些不好意思，但还是按照老师的建议去做了。

他的小说很吸引人，在场的学员都听得十分入迷。当最后一个字读完时，乐洋停了下来，用期待的目光看着老师，想知道他会给自己怎样的评价。可是老师却提问道："你的故事结束了吗？"乐洋认为老师肯定希望自己补充更多的内容，于是他给出了肯定的回答："不，还没有结束。"之后他快速思考，又给小说安排了反转式的剧情，使得结尾发生了天翻地覆的变化。

这次当他讲完时，全班学员都鼓起掌来，可老师却又一次问道："这回真的结束了吗？"乐洋想了想,再次回答："没有结束。"说来奇怪，虽然老师的提问让他感到紧张，可他的脑海中却突然迸发出不少灵感，于是他沿着刚才的结尾继续讲述了下去……

几分钟后，老师用不耐烦的语气打断了他："看来你没有明白我的意思。我是说你的故事有些拖泥带水,其实早就该结束了，可你却一次又一次地画蛇添足，这样只会让读者感觉厌烦。你应该学一学怎样用精简的语言把故事讲得生动有趣！"

乐洋羞愧极了，他低着头跑出了教室。从那以后的很长一段时间里，他都觉得自己可能没有什么创作的天分，却没想到一个意外的机会让他彻底改变了这个想法。

那是在一个社交聚会上，乐洋偶然遇到了一位知名作家，两人一见如故，聊得非常投机。为了活跃气氛，乐洋把自己之前在训练班的遭遇当成了一个自嘲式的笑话，讲给作家听。谁知作家听完之后却变了脸色，还拉着乐洋的手说："谁说你没有创作天分？能够在那种环境中，用那么短的时间续写出精彩的故事，我自问都做不到这一点，你却做得如此轻松，这真是太了不起了！"

不管是训练班的老师，还是知名的作家，对于刚开始创作之路的年轻人来说，都可以看作权威人物。可是他们却对同一件事给出了截然相反的评价，那么到底该相信谁的意见呢？

答案其实很简单，那就是"相信自己"。就像乐洋在被老师毫不留情地全盘否定的时候，就可以提出质疑性的问题："在场的同学都听得如痴如醉，这不正说明我的故事非常精彩吗？"同样，在作家对他大加赞扬的时候，乐洋也不应该盲目乐观，而是可以理性地质疑道："我在叙述时确实有一些拖泥带水的问题，老师提出的精简语言的意见不是也有一定的道理吗？"

总之，如果感觉拿不准主意的话，先不要轻信权威的意见和评论，而是应当学会质疑，之后更是要不停地进行自我提问，让自己的头脑更加清醒，认识更加深入，判断也就会更加准确。

要知道，权威并不代表绝对的真理，我们用提问去质疑权威，也不是有意“挑刺儿”“找碴儿”，或是故意唱反调，而是我们理性认识、分析事物的必然的思想反映。许多优秀的思想、正确的理论都是从质疑中脱颖而出的，事情的真相也是越辩越分明，而质疑便是检验真理的试金石，它应该成为我们做人做事所持的最基本的态度之一。

第二章

做好提问准备，精心设计问题

做好准备，才能问得到位

兵法告诉我们，不能打无准备之仗，提问同样如此。想要问出好的问题，就要在提问前做好充足的准备。这样才能问出角度新颖、有深度的问题，能够让对方有眼前一亮的感觉，并可以起到引发对方主动思考、改善对方心态的积极作用。相反，若是缺乏足够的准备，仓促提出一些肤浅的甚至是错误百出的问题，不但达不到沟通的目的，还有可能会闹出不少笑话来。

影片《神枪》刚刚杀青。在庆功宴上，演员吴先生被影迷们簇拥着，正在回答大家提出的各种问题。有一名影迷好不容易挤进了人群，来到吴先生身旁，用崇拜的目光望着他，向他提问道："您在《冲锋陷阵》中扮演了卧底的角色，这次又饰演卧底，感觉有什么不同吗？"吴先生露出了惊讶的表情，回答道："您记错了吧，我没有参演过《冲锋陷阵》。而且现在《神枪》还没有上演，我也不方便告诉你里面的细节，等影片上映后，你自己去电影院一看就明白了。"

影迷意识到自己问错了问题，也有些不好意思，连忙开口补救道："不好意思，我刚才口误了，我想问的是您在《出生入死》中的角色。"听到这句话后，吴先生皱紧了眉头，有些生气地说："你不是我的影迷吧，什么《出生入死》，我连听都没有听过。"

现场顿时发出了一片哄笑声，那名影迷羞愧极了，再也不敢多说什么，只能低着头、灰溜溜地离开了。

这位影迷在提问之前显然没有做足准备，连对方的基本情况都不清楚，就冒失地提问，还犯了张冠李戴的错误，对方又怎么可能愉快地与他交谈呢？这个小故事也提醒了我们，想要向他人提问，特别是向那些不太熟悉、交往不多的人提问时，一定要多做些“功课”，要对对方的基本信息和沟通的主题及其他相关信息多一些了解，我们才能知道该问些什么，也才更容易借助问题打开对方的“话匣子”，使沟通能够顺畅地进行。

具体来看，在提问前，我们必须做好以下几个方面的准备工作：

1. 清楚自己的提问目的

树立提问意识是非常必要的，但这并不意味着我们对什么事情都应当提问。如果不清楚自己提问的目的，就容易提出一些没有价值的问题，并会为了寻找答案而耗费大量的时间和精力，但得到的结论却对自己没有什么裨益，像这样的提问实际上不如不问。所以，我们在进行提问准备的时候，要做好的第一步就是明确目的。

2. 收集足够的背景资料

了解了提问的目的后，我们可以从这个目的出发去收集背景资料，这样我们在提问时就能做到思路清晰、逻辑分明，而不会提出一些离题万里、缺乏意义的问题来。不仅如此，在收集背景资料的过程中，我们还会获得不少灵感，这可以帮助我们设计出更多、更精彩的问题来。

在做好资料收集工作后，我们提出的一些问题常会带给对方惊喜，对方会不由自主地赞叹道："原来你连这个问题都想到了！"对方就会认为我们非常用心，对我们也会更有好感，之后我们与对方进行沟通自然就会格外顺畅。

3. 了解提问对象的个人情况

提问不能忽略对方的个人情况，这也是提问准备工作中非常重要的一个环节。一般而言，我们需要了解对方的基本特征、性格爱好、工作成绩、情感经历、家庭关系等信息。在掌握了这些信息后，我们又要对其进行区分和筛选，以便找出可以问的问题和不能问的问题。比如，了解了对方的爱好之后，我们可以投其所好地问一些与其爱好有关的问题，这会引发对方的谈兴；但若是了解到对方生活中、工作中一些不如意的事情后，我们就要对此避而不问，以免刺激到对方，引起对方的不快。

4. 精心设计多样化的问题

设计问题是提问准备阶段最重要的工作，它将直接决定我们提问的效果。日本管理学家粟津恭一郎将各种问题简单地划分为以下四类：

（1）轻松问题：指的是那些让人乐意回答的问题，如果提问对象出于习惯能够脱口而出回答的问题也可归入此类。这种问题可以拉近我们与提问对象之间的关系，还可帮助我们收集提问对象的信息，不过这种问题无法引发深层次的思考，也就不会带来新的发现。

（2）优质问题：指的是那些人们能够轻松回答，同时又有启发意义的问题。这类问题常常是开放式问题，可以让提问对象自由发挥，给出自己的答案，同时提问对象的价值观、理想也会体现在答案之中，可以帮助我们更好地把握提问对象的心理。

（3）沉重问题：指的是让人感觉难以回答，但是却有一定启发意义的问题。这种问题就像是苦口良药，初听上去会让对方觉得不太舒服、不太高兴，可细细琢磨后，对方就会知道我们是出于好意才会提问。

（4）劣质问题：这类问题是最不应该出现在沟通过程中的，因为对方不会喜欢回答这样的问题，而且这类问题本身也没有什么意义。比如，不顾分寸地追问他人隐私的问题、含有明显的贬低或指责意味的问题等都可归入此类，它们会让沟通的氛围恶化，还会破坏我们与提问对象之间的关系。

掌握了这种分类方法后，我们在设计问题时就会更加得心应手。我们可以学着多提优质问题，然后尽量让轻松问题变得富有启发意义，让沉重问题变得更加容易回答，同时要努力消除劣质问题。如此一来，我们的提问就会越来越成功，越来越有效。

5. 储备一些相关知识

在提问前，我们还要多准备一些与沟通主题相关的知识，以备不时之需。因为在提出了一些开放性问题后，我们无法预测对方会做出怎样的回答，也许对方给出的答案会严重偏离我们准备探讨的主题，这时就需要我们通过巧妙地引导，将对方的注意力重新引回到沟通主题上，而这就要求我们多积累“素材”，像当前的法规政策、对方所在的行业信息、一些重要的会议材料、专业书籍或报告，以及新闻报道材料等都可以成为我们储备的对象。这方面的知识准备得越充足，我们在引导对方时就越能做到游刃有余，问答沟通的效果也会更加理想。

当然，我们除了在提问前“临阵磨枪”，做好准备工作外，平时也应当尽量多补充各方面的知识。要注意多阅读书籍，以提升自己的文化水平；可以广泛涉猎各种学科常识，以开阔自己的眼界；还可以利用互联网收集和追踪最新的要闻、大事，这样更能够丰富自己的见闻，使自己在提问时能够轻松地提出让人乐意回答并会有所收益的优质问题。

在下面的章节中，我们将具体学习如何全方位地做好提问准备工作，掌握了这些方法后，再有条不紊地开始我们的提问，往往能够产生事半功倍的效果。

最好先问一问“关我什么事”

我们在提问之前，最好先问一问这个问题“关我什么事”。也就是说，我们的提问和想要获得的答案能够产生切切实实的价值。比如，问题可以帮助我们梳理自己的思维，找到解决问题的对策，或是可以刺激新创意的产生，并最终能够提升我们的人生质量，让我们更加接近成功，那么这样的问题就是值得一问的。

相反，若是提问对我们能够产生的影响微乎其微，我们就不应该孜孜不倦地去追寻它的答案。

大学生陈丽正端坐在电脑前，准备撰写一份实验报告。在正式开动前，她决定先上网查找一些资料，可当她刚刚打开搜索引擎的时候，就被一条八卦新闻吸引了全部的注意力——著名女明星 ×× 将和名不见经传的新人演员 ×× 合作出演一部爱情喜剧片，这则新闻在网络上引起了轩然大波。陈丽之前没有听过 ×× 这个名字，一时间被挑起了强烈的好奇心，想知道 ×× 到底是何许人也，也想了解这部新影片的具体情况。于是她马上在搜索引擎上输入了自己想知道的问题，然后对着跳出的答案一条条阅读起来。

时间过得飞快，不知不觉，一上午时间就这样过去了，陈丽也终于找到了所有问题的答案，可她并没有获得想象中的满足感。等她关闭了网页，看到空无一字的报告时，感觉十分懊悔，她想：我怎么会在那些无聊的问题上浪费了这么多时间呢？

的确，如果一个问题本身毫无价值，那么即使我们把它研究得再清楚、明白也是没有意义的。就像那些吸引眼球的八卦新闻、琐碎而又无聊的热点事件，其实没有一条能和我们扯上关系，我们花费大量时间去了解它们的真相，可这并不会让我们的生活向更好的方向转变，也不会为我们带来经验的积累、能力的提升等良好的结果，所以我们根本不该将自己的注意力投注其上。

一寸光阴一寸金，为了避免把宝贵的光阴浪费在这些“与己无关”的问题上，我们就需要在提问前先评估一下问题的意义，然后放弃无意义的干扰问题，将自己的注意力集中在有意义、有价值的问题上，对其深耕细作，才能有所斩获。

那么，什么样的问题才算得上有意义、有价值呢？

1. 问题对我们来说应当是“重要的”

在提问时，我们必须弄明白这个问题的重要性，然后才能决定是否要为之花费精力。就像本节案例中的大学生，她在提问之前就可以先问问自己“‘明星是谁’这个问题对我来说重要吗？”答案显然是否定的，那么她就应当马上停止对这种问题的过度思考和研究。

但要是在生活中遇到了“重要的”问题，就一定不能刻意忽视，而是应当以“打破砂锅问到底”“不达目的不罢休”的态度把答案彻底搞清楚。比如，“如何高效地利用时间”对于我们每个人来说都是非常重要的问题，如果能够把这个问题弄清楚，将为我们提升效率、取得成功奠定必要的基础，所以我们很有必要认认真真地去思索一番、研究一番，找到有效的答案，并从中获得益处。

2. 问题能够提升我们的能力

我们还应当看一看问题是否能够有效地提升自己的能力。比如，我们在查找学科资料时发现了一个陌生的术语，不明白是什么意思；或是读到了与自己正在从事的工作有关的新研究成果，却不太了解其具体情况……对于这样的问题，我们一定要下功夫钻研透彻，千万不能掉以轻心。我们可以自己查找问题的答案，也可以主动向老师、专家提问，这样才能弥补自己在认知方面存在的不足，并不断提升自己的学术能力、工作能力，使自己从提问中获得提高、获得进步。

3. 问题能够让自己和他人同时获益

有的问题不光能够让我们自己获益，还可以为对方带来实质性的好处，因而能够为我们赢得对方的认可和感激，也有助于建立或巩固我们的人际关系，那么这样的问题也是非常有价值的，值得我们付出努力将它们设计得更加精彩。比如，一些发人深省的问题、一些富有教育意义的问题、一些具有同理心的问题等，都属于此类。善于提出这样的问题，将使我们从普通的提问者逐渐成长为他人眼中的提问专家。

从以上几点出发，我们在提问时就能够找到那些可以为我们和他人带来实质性帮助的问题。如果我们能够把这些问题一一弄清，无疑会对自己产生非常积极的影响，这远比在一些无关紧要的问题上浪费时间要有意义得多。

带着目的提问，才不会问错问题

在了解了什么样的问题是有意义的之后，我们还要进一步梳理我们提问的目的。这对于有效的提问来说非常重要，因为当我们对自己想问什么都不是很明确的话，就更会让别人感到迷茫。

也许有的时候，我们根本就问错了问题，所以也不可能得到自己想要获得的答案。因此，我们一定要弄清楚"我究竟想知道什么"，由此出发去提问，才能避免问错问题。

根据提问目的的不同，我们可以把形形色色的问题分为以下几个范畴：

1. 事实性问题

顾名思义，就是向对方提问一些与事实有关的问题，从而可以帮助我们获取一些事实资料。比如，"你通常几点坐地铁？""你在20号的晚上有没有去过她家？""你目前的职位是什么？"这些问题都属于事实性问题。

在提问这类问题的时候，我们应当将问题中的关键字词定义得清清楚楚，并最好给出清晰的限定条件。如时间限定、地点限定、人物限定等都可以给予说明，这样才能便于对方理解，并有助于对方给出比较精确的事实信息。

2. 态度性问题

提问态度性问题主要是为了了解对方对于某些事情的意见或态度，比如"你喜欢这个节目吗？""你对新出台的方案有什么看法？""你认为他们的行为是值得鼓励的吗？"都是比较典型的态度性问题。

当我们提出这样的问题时，相当于向对方发出了一个友好的信号——"我很尊重你的观点，希望你能够毫无保留地畅所欲言"。所以，为了让对方充分地感受我们的友好态度，我们就要注意在提问时要减少攻击性的表达，并且不能把自己的倾向掺入问题中。

另外，当对方表达自己的态度之后，我们不能马上对其进行否定性的评价，否则容易触怒对方，从而影响之后的提问效果。

3. 行为性问题

这类问题主要是针对对方过去的一些行为来提问，以此预测对方在未来的行为。一般在面试中会较多地出现这类提问，比如“你过去是如何服务你的客户的？”“你在上个单位出现的最大的失误是什么？”“你曾经给上级写过工作报告吗？”

这类问题一般以开放性问题为主，并且着重强调过去具有代表性的事件，需要对方进行比较具体的说明，而且最好能说出某种行为导致的结果，如此才能达到我们提问的目的。

4. 动机性问题

动机性问题旨在考察对方做某事的动机、原因，借此可以了解对方的价值观、目标、方向等深层次的信息。比如“你为什么会选择辞职呢？”“你交朋友的标准是什么？”“你报考这所学校的原因是什么？”

在提出动机性问题的时候，我们应当注意到，有时候沟通对象为了某些特定的目的会刻意掩盖自己的动机，所以我们不妨多准备几个可以互相印证的动机性问题，然后逐一向对方提问，就能够逐渐弄清对方的真实意图了。

在下面的这个案例中，一位面试官就通过一系列的动机性问题挖掘出了求职者的真实动机：

面试官：你好，你为什么要来应聘我们公司呢？

求职者：贵公司实力雄厚，在业内享有很高的声誉，我相信假如有幸进入贵公司，能够获得很多锻炼和成长的机会。

面试官（怀疑的语气）：这就是全部的原因吗？在待遇方面没有要求吗？

求职者（有些紧张）：我不在乎待遇多少，只想在公司多学习一些有用的知识。

面试官：我看了你的简历，发现你刚辞职不到一个月，那么你为什么会从上一家公司辞职呢？

求职者：上一家公司规模太小，提供的待遇水平太低……

面试官：我打断你一下，你刚才不是说不在乎待遇吗？

求职者（吞吞吐吐）：这个……我……我是很信赖贵公司的……相信贵公司在待遇方面不会让我失望……

面试官：那么，说说你选择工作的标准是什么吧？

求职者：我的标准就是能够给我提供施展抱负的机会，让我勤勤恳恳做贡献的同时还能获得一定的回报。

面试官：看来你在上一家公司没有得到应有的回报，是吗？

求职者（张口结舌）：……也不能这么说……我也不是那么看重回报……

面试官：好的，我明白了。面试就到这里了，有消息的话，人事部门会通知你的。

待求职者垂头丧气地走出办公室后，面试官在他的简历上用红笔写上了"未通过"三个字。因为，面试官认为求职者应聘的动机很有问题。这名求职者明明很看重个人得失，但在回答问题时却刻意掩饰这一点，给面试官留下了不诚实的印象，也让自己失去了一个工作机会。

在这个案例中，面试官因为对求职者的动机产生了怀疑，就设计了几个不同的动机性问题对他提问，而求职者给出了自相矛盾的答案，从而也证实了面试官的想法。

这个案例也告诉我们，想要达到什么目的，就要选用什么样的问题去提问，而且不同的目的还应配合不同的提问方式，才能最终获得我们想要的结果。

用废话提问，得到的必定也是废话

我们每天都会提出各种各样的问题，但其中很大一部分都可以被称为是“无效问题”，这种问题的问话常常是很肤浅的，有的甚至毫无意义，基本可以算作“废话”。针对这类废话问题，对方给我们的回答必定也是毫无价值的。像这样进行问与答的互动，不但不会产生任何积极的影响，反而会浪费我们的时间和精力。之所以会出现这样的结果，有很大一方面的原因是我们对自己提问的目的不够明确，也没有做好问题设计工作，才会让“废话”问题占据了自己的思维，也影响了自己的提问质量。

中国著名的学者、文学批评家梁实秋对这种“废话问题”深恶痛绝，他曾在一篇文章中用诙谐的语言讲述了这样一个小故事：

有一天，有位客人来拜访我。我打开门，正准备和他打招呼，没想到他张口问道："梁先生，您没有出门吗？"

听到他的问话后，我感到非常吃惊，一时间竟不知道该如何回答。我当然是没有出门的，倘若我真的出门了，那现在给他开门的又是谁呢？那岂不成了活见鬼了？

更何况他问出这个问题也不是想要表达惊讶的情绪，因为要拜访的人就在家中，这岂不是一件很寻常的事情吗？有什么可诧异的呢？所以，我想他之所以会这么问，只是因为初见到我比较尴尬，不知道该说些什么好，却又不好意思绷着脸一声不吭，所以只好脱口而出问了个废话问题。可被他提问的我却会感觉非常为难，不回答他会觉得失礼，回答他又没有什么意义，最后我只好无奈地打个哈哈，说了声"对啊"。

梁实秋先生遇到的就是一个典型的"废话问题"，对于这样的问题，除了用废话去回应外，实在找不到其他的答复办法。如果提问者总是提出这样的问题，也难免会让提问对象心生厌烦，并会影响沟通的顺利进行。

因此，我们在提问前一定要明确自己的目的，尽量多提与这个目的有关的问题，同时应避免提问没有意义的"废话问题"。

那么，哪些问题会被归入"废话问题"的范畴呢？

1. 过于浅薄、直白的问题

白开水一样毫无味道的问题，会让提问对象失去耐心。就像梁实秋先生指出的"您没有出门吗"这样的问题就属于这一类，这种问题中指出的事实本就是十分明显的，根本不需要思考就能够得出答案，所以完全没有必要多此一问。然而在现实生活中，这样的“废话问题”却并不少见：某公司的一名员工看到董事长到食堂就餐，就激动地上前问道：“董事长，您亲自来就餐吗？”员工的本意是想通过提问与董事长“套套近乎”，以博得董事长的好感，可他提出的却是一个绝对属于废话的问题，让董事长啼笑皆非。

无独有偶，一位明星和他的父亲在参加一档访谈节目时，也被主持人追问了几个十分浅薄的问题。当时，主持人突然向那位父亲提问道：“您儿子平时吃饭时最喜欢吃什么？”父亲有点惊讶地回答：“可能是青菜吧。”主持人又开口问道：“那他喜欢吃肉类吗？”父亲有点摸不着头脑了，不知道主持人的用意到底是什么。主持人见父亲不说话，就转头去问这位明星：“您平时爱吃红烧肉吗？”明星尴尬地摇了摇头。主持人马上又问道：“为什么啊……”幸好这时导播通过耳机提示主持人可以开始问一些重要的问题了，主持人才停止了废话百出的提问。后来这段访谈片段被人传播到了网上，很多网友都纷纷留言，表示从未见过这么不会提问的主持人。像这样的情况就是因为提问过于浅薄造成的，我们在沟通中一定要避免问出这样毫无意义的问题，才不会让提问变成“无用功”。

2. 过于陈词滥调的问题

在提问时我们还要避免问一些陈词滥调的问题，这种问题曾经引发过经典的答复，但因为传播度太广，答案早已尽人皆知，因而形同废话，根本无法引发对方回答的兴趣。比如，著名的球王贝利在进球纪录达到 1000 个时，被问到了这样的问题："您认为自己的哪个进球最精彩？"当时贝利给出了意味深长的回答："下一个。"这个回答堪称经典，而这个问答故事也流传到了无人不知、无人不晓的地步，所以当我们向他人提问时，就不能再提类似的问题。如问对方："你认为自己的哪部小说最成功？""你认为自己在哪场比赛中发挥得最好？"对方一般都会照搬贝利的说法，回答"下一部""下一场"等，而这样的问答显然是缺乏新意的。

3. 过多东拉西扯的问题

我们准备提问的每一个问题都应当为特定的目的服务，所以不能脱离这个目的太远。如果总是提一些与目的无关或关系不大的问题，就会成为"废话问题"，会让对方有摸不着头脑的感觉，严重时还会让对方感到无比厌烦。不仅如此，过多东拉西扯的问题还会搅乱我们自己的思路，会让沟通偏离主题，最终也无法实现我们想要实现的目的。因此，我们必须始终牢记自己提问的根本目的，可以通过提问与对方适当寒暄，或说几句客套话，但一定不能问得过多、问得过乱，否则就会成为一堆废话，对我们实现提问的目的毫无帮助。

总之，我们要尽可能地抛弃废话。在提问前，应当花一些时间思考自己的目的，然后慎重地开口提问。在经过思考和选择之后，我们提出的问题在数量上虽然不多，但质量却会大有提升，很多问题也会问到"点"上，可以为我们带来真正的价值。

过于宽泛的问题会造成无效提问

在准备问题的时候提问不能过于简单，不能一味地问对方“行不行”“是不是”“对不对”之类的限制自由思考的问题，这会让对方感觉索然无味，失去回答的兴趣。但也不能把问题问得过于宽泛，那样会使对方感觉十分茫然，不知该如何答起。

年轻的女白领小翁最近和男友陷入了冷战中，已经好几天没有互相联系。小翁把这件事情告诉了自己的闺密琳琳，琳琳问她到底发生了什么。小翁唉声叹气地说：“我觉得他最近就像变了个人似的，我知道他们部门最近正在评优，工作很忙，可我也很辛苦啊。我关心他，给他发了微信，问他‘今天怎么样？’可你知道他是怎么回答我的吗？”

琳琳顺口附和了一句：“怎么回答的？”

小翁气愤地说：“他就回了我三个字，‘挺好的’！真是气死我了，我觉得他根本就是在敷衍我，所以我再也不想理他了。”

琳琳看着小翁伤心的样子，很是同情，轻轻地拍拍她的肩膀，劝她说：“我觉得你是想多了，你看，你问的这个问题确实让人无从答起啊，你想让他回答什么呢？把自己的生活详细地给你汇报一遍吗？可那需要花费多少时间和精力啊，我要是他也只能选择放弃回答。”

“原来是这样啊。”小翁听完琳琳这一番分析后，惊讶地睁大了眼睛……

小翁在提问时就犯了过于宽泛的错误，她的问题范围过大，涵盖了对方一天全部的工作、生活内容，对方不知道该截取哪一段进行回答，也不知道自己的回答是否会让小翁满意，所以就选择了比较安全的回答来应付小翁。像这样过于宽泛的问题也是因为提问目的不明确造成的，小翁不知道自己到底想了解什么样的情况，说出的问题就像是一句客气的套话，好像只是随口说说而已，那对方自然也会用意义不大的套话来回应了。

在现实生活中，我们可能经常会问出这种过于宽泛的问题，比如：

“能介绍一下你的个人情况吗？”（“个人情况”包括学习、工作、生活等各个方面的信息，对方不知道我们到底想问哪一方面的情况。）

“你对新公司的感觉好不好？”（这个问题也可以从收入、工作环境、上下级关系、同事关系等多个角度来回答，会让对方有无从着手的感觉。）

“你对人生有什么感悟？”（“人生”涵盖的范围更广，对方经历的悲欢离合、收获的喜怒哀乐都可包含在内，想要在短时间内浓缩成一句话或一段话的答案，几乎是不可能的。）

类似这样的宽泛问题还有很多，它们常常会让对方有摸不着头脑的感觉，他们回答不上来不说，还会感觉思维受到了限制，并会让他们回答问题的兴趣备受打击，最终就会导致沟通氛围陷入尴尬的境地。

如果不想提出这类过于宽泛的无效问题，我们就应当先弄明白自己提问的目的，然后带着一定的目的去提问。与此同时，我们还要在问话中阐明自己的目的，这一点在提问时也是非常重要的。因为，每个人看问题的角度不同，认知水平也各不一样，有很多时候，我们以为对方会明白我们的意思，但现实情况却并非如此，所以我们不能想当然地去提问，否则会让沟通过早走向结束。

李扬参加了一个同城聚会，他想要在聚会上多结交一些新朋友。于是，他端着酒杯走向了一位面善的男士，热情地问道："您好，您是做什么工作的？"

对方和气地回答道："我在一家公司从事运营工作。"

李扬感兴趣地问："什么是运营啊？"

对方不知从何答起，一时语塞。两人大眼瞪小眼，都觉得十分尴尬……

李扬询问对方"什么是运营"，这个问题就是过于宽泛的，可能会有成百上千种回答。对于这样的问题就需要进行一定的优化，使它能够变得目的明确、指向分明。

比如，李扬可以这样问对方："不好意思，我不太了解运营的概念。我想请问您运营工作的主要职能是什么呢？"这个问题比优化前的问题明确得多，也为对方指明了方向，对对方的思路做出了必要的界定，即希望他能够从“工作职能”的方向来回答问题，对方在思考时就不会再有茫然无着之感了。

我们做提问设计工作的时候，就可以多做一下这样的问题优化工作，想办法以自己的思考带动对方完成更深层次的思考，如此一来，问与答的环节就会像有趣的思维游戏一样令人回味无穷。

厘清提问顺序，思路层层打开

在设计好想要提问的题目之后，我们还要注意厘清提问的顺序，一方面能够让我们的思路更加清晰，可以很好地把握问答节奏；另一方面也能让问题更好地适应对方的心理机制、认知规律，有助于打开对方的思路，使对方可以给出更有价值的答案。

某集团审计部准备对旗下的一家分公司进行常规审计，审计员韩磊约见了财务部门的员工小柳，两人在公司洽谈室展开了访谈。

见面伊始，韩磊发现小柳非常紧张，表现得手足无措，说话也吞吞吐吐。为了帮助小柳放松情绪，韩磊“自报家门”道：“我是集团审计部的韩磊，大家都是同事，你不用顾虑太多。我会问你几个常规性的问题，你只要如实回答我，帮助我了解一下内控的基本过程就可以了，你明白了吗？”

韩磊有意点明自己与小柳是平等的同事关系，还表示自己只会问常规性问题，这让小刘感觉轻松了不少。为了帮助小柳进入访谈状态，韩磊又问了他一些过渡性的问题，像“你毕业于哪个学校？”“以前学的是什么专业？”“你是什么时候加入公司的？”“你在公司的主要职责是什么？”等，这些问题回答起来很是轻松，小柳在一问一答中渐渐适应了访谈氛围，对韩磊也多了几分信任。

韩磊感觉时机已经成熟，就开始从普通的问题逐渐过渡到重点问题。他小心地问了小柳几个比较尖锐的问题：“你认为财务部在内部流程控制方面存在哪些漏洞？”“你觉得你所在的部门是否存在舞弊的可能性？”“你对供应商 ×× 有什么看法？”由于之前做了足够的铺垫，小柳虽然表现得有些为难，但还是尽可能地说出了自己了解的情况，也让韩磊收集到了不少有价值的信息。

之后，韩磊又用和蔼的语气问道：“对于财务部的工作制度和工作流程，你还有什么想要告诉我的吗？”这个开放式问题让小柳的思维受到了启发，再加上韩磊一直用友善的态度对他进行鼓励，从而激发了他的表达欲望，使他放下了顾虑，大胆地说出了自己的一些想法。对于小柳的积极配合，韩磊也给予了充分的肯定，这更是让小柳感到非常高兴。最终，双方在友好的气氛下结束了这次访谈。

在上面的案例中，我们可以发现提问者在提问时遵循了从一般性问题到特殊性问题的顺序，使问题的难度逐渐加深，这种提问顺序很符合对方的心理承受能力，不会让对方在一开始就产生逃避提问的心理。

我们在做提问准备时，也可以按照这样的顺序来整理自己的问题，然后按照从简单性问题到复杂性问题、从一般性问题到特殊性问题、从低敏感度问题到尖锐的问题之类的顺序来提问，这样就会让提问有所铺垫，不会让对方感觉某个问题太过突兀，而且对方的思路也会随着提问的深入层层打开，有助于逐步激发对方思考的兴趣。

我们还可以按照由表及里、由具体到抽象的逻辑顺序来提问。这种提问顺序可以简单地概括为三个阶段：

第一阶段：对具体的表层现象进行提问。

第二阶段：对这种现象代表的里层问题进行提问，使问题深入到事物的抽象本质，并收集更多信息。

第三阶段：探讨信息的运用问题，看看信息可以给我们带来什么样的启发。

比如，某公司的一位新员工在就职当天，在与自己的上司沟通时就提出了这样的“表层”问题：“咱们公司的基本架构是什么样的？”上司给他介绍了一番，告诉他公司有若干部门，分别负责哪方面的业务。

新员工就此提出了“里层”问题：“这些部门之间平时是怎样配合的呢？有项目的话是由某个部门牵头负责，还是大家平等合作呢？”这个问题展现了新员工善于思考的优点，也让上司感觉眼前一亮。上司十分耐心地为新员工做了一番解释，使他对公司的架构和部门之间的关系有了一个比较清楚的了解。

之后，新员工提出了“运用”问题：“我所在的部门该如何与其他部门配合呢？作为本部门的一员，现阶段我需要完成什么样的任务呢？”就这样，新员工一步一步厘清了提问的顺序，搭建起了提问的框架，使上司也能够按照这个顺序提供新员工急于了解的信息，使新员工能够用最短的时间认清自己的工作职责，并扮演好自己的岗位角色。不仅如此，按照这种富有层次感的顺序去提问，还能在上司心中留下思维清晰、逻辑分明的好印象，可以说是给自己的职业生涯开了个好头。

如果我们也想像这位新员工一样用提问帮助自己打开良好局面，就要多思考一下提问的顺序问题。如果时间充足的话，我们可以在提问前以各种顺序多进行几次模拟提问，然后预想一下对方的回答，看看能否达到我们期望的结果。像这样多尝试几次，我们就能够找到最佳的提问顺序，而这会让我们的提问达到一针见血、精彩透彻的效果。

找准对象，让提问的效率大幅上升

在进行提问准备工作时，对提问对象的把握也是非常重要的。有时候我们提出的问题没有获得良好的解答，可能不是因为问题不够精彩，也不是提问的顺序不当，而是我们根本就找错了提问的对象。比如，我们提出的问题正好涉及提问对象不熟悉的领域，或是问题的难度超过了提问对象现有的知识水平，都会影响问答的顺利进行。所以，我们很有必要根据自己要问的问题事先选好恰当的提问对象，这样才能提升提问的效率，改善提问的效果。

沈明从一所全国知名的重点大学毕业后，找到了一份非常理想的工作，又因为表现出色，在短短几年时间里便晋升为中层主管。亲戚朋友们一提到他，没有不竖大拇指的。2019 年的春节，沈明回老家过年，一到家，一位邻居阿姨就领着自己上高三的儿子来拜访了他。

这位阿姨先是热情地夸赞了沈明一番，又教育儿子要像沈明哥哥学习。之后，阿姨郑重其事地问道："小沈，我儿子这次摸底考试的成绩是这样的……你能不能帮他规划一下，看看他能不能报考你那所大学？"

沈明其实也很想帮助阿姨，可是他毕竟已经毕业几年了，不了解现在的大学报考情况。何况他对阿姨儿子的学习情况也不了解，仅仅凭借一次摸底考试的成绩是不敢妄下断言的。他这样思索了一番后，对阿姨说："抱歉啊，阿姨，我对这方面的事情不太熟悉，实在给不了您什么好的建议。要不您找学校的老师问一问？"

阿姨听到沈明的话后，以为他是因为看不起人，不想帮忙，才会故意推诿，于是阿姨生气地数落了沈明几句后，就带着儿子匆匆离开了。沈明心里有些委屈，却也对此无可奈何……

我们在向他人提问时，常常会像这位阿姨一样，错误地估计了对方的能力，以为对方在某个方面很优秀，就一定能够回答出我们提出的所有难题。但事实并非如此，所谓“术业有专攻”，每个人都有自己擅长的领域，也有很多薄弱的环节，如果专门针对这些薄弱环节去提问，那肯定会得到失望的结果。就像这位操心儿子前途的阿姨，就不应该向已经毕业几年、只拥有过时经验的对象提问，而是应当向熟悉孩子情况的学校老师或者专业的咨询机构提问，才能获得更加可靠的答案。

这个案例也提醒了我们，在提问前一定要找准对象，这样才能产生事半功倍的效果。为此，我们可以从以下几个方面去做好准备工作：

1. 根据问题所属领域选择对象

如果我们想要询问比较专业的问题，就一定要找对该专业的知识有充分了解的人士提问。比如，我们想要了解某个领域的学术问题，就要向该领域的专家、学者、导师提问，才能有所收获。因此，我们首先需要清楚地界定自己的学术问题，看它涉及的是文学领域、数学领域、物理学领域、经济学领域、心理学领域还是交叉学科问题，之后我们就可以有针对性地寻找相关领域的专业人士，向他们提出我们的问题。

不过，由于很多专家平时工作十分繁忙，我们贸然提问可能会给他们造成不便，所以我们可以通过邮件、QQ、微信等联系方式提出问题，还可以提前预约以获得面对面提问的机会。另外，一些学术交流会议、专家学者见面会也是我们向权威人士提问的好机会，如果我们有幸能够参与这种会议的话，一定要提前准备好有质量的问题，并最好预判一下专家的个人倾向和所持态度，以便确认自己的问题是否适合向其提问。

2. 根据问题具体内容选择对象

我们还要根据自己想问的问题的内容选择最合适的对象。比如，想要了解某所学校、某个学院的报考情况，就可以向该校招生部门的老师，以及正在该学院就读的高年级学生提问；想要了解某家公司的招聘情况及某个岗位的具体工作情况，就应该向在职员工请教，也可以直接致电该公司的人力资源部门，向工作人员求证；如果想要就一些生活常识问题进行提问，则可以向一些有经验的朋友、上年纪的家人、前辈提问，他们分享的亲身经历可以为我们提供很多有价值的参考。总之，不同的问题要咨询不同的人，才能获得更加准确、更有价值的答案。

3. 根据问题难易程度选择对象

在提问前我们还要考虑问题的难度是否会超出对方的认知水平。比如，对于刚进入公司、对自己的具体任务都还没有彻底弄清的新进员工，我们向他们提问一些工作中遇到的技术问题就是不合适的，他们甚至都听不懂我们在问题中提到的术语、技术话题，我们也就不可能获得满意的答复了。所以，对于这类问题我们应当向有工作经验的、业务能力强的老员工提问，这样就能让问题得到较好的解决了。

另外，在问题较难的时候，我们还应当多寻找几个提问对象提问。在下面的案例中，一位提问者就通过这个办法实现了提问的目的：

张倩是某公司宣传部门的负责人。一天，她接到了总经理交代给她的任务，让她找一个平台做一次宣传活动，以便提升公司在业界的形象。

张倩经过深入思考后，决定与一个全国知名的演讲项目《演说家》合作，让总经理能够登上这个平台，在提升个人知名度的同时带动公司的品牌宣传。不过张倩也知道，公司目前在行业内的影响力非常有限，不太符合该平台的要求。张倩打了几个电话给该平台的广告部经理，都遭到了对方的拒绝，对方的借口是“没有这个权限破格同意合作”。

后来，张倩抱着试一试的态度，直接打电话给该平台的主要负责人，坦诚地介绍了自己公司的条件，并用真诚的语气问道：“非常抱歉打扰您，不过我们确实非常重视这次合作，不知道您能否给我们一次机会呢？”

张倩本以为会又一次遭到拒绝，没想到对方却被她提问中的诚意打动了，对方还说：“很多人觉得我们的平台高高在上，其实我本人并不这么认为，我很欢迎各行各业的优秀人才和企业来参加这个项目，有新鲜血液注入，项目才会更有生命力。”

对方的话让张倩喜出望外，她连忙把这个好消息向总经理做了汇报，总经理非常满意，对她的工作能力赞不绝口。

从这个案例中我们可以发现，不同的提问对象对于同一件事所持的看法并不相同，所以如果在第一次提问时没有达到目的，也不必灰心失望，可以尝试向其他提问对象提问，也许就能获得“柳暗花明又一村”的效果了。

需要指出的是，对于简单的问题我们也不能随便寻找对象提问。比如，我们想要了解的问题是一些基础性的日常工作细节问题，那就要向在一线工作的员工提问，因为这些问题是他们每天都可能遇到的，他们有很多实际处理经验，也就最有发言权。可若是我们用同样的问题去询问公司的中、高层管理人员，就会使他们感到困惑，因为这些问题虽然简单，但由于管理人员并没有实际的一线操作经验，反而无法给我们提供有启发性的建议。

除了以上几点外，我们还要注意尽量向有耐心、负责任的对象提问，因为这样的对象不会吝惜自己的时间，也会无私地把知识和经验分享给我们。如果我们对答案有不理解的地方，他们还会不厌其烦地给予指导，这无疑会让我们从提问中得到更多的收获。

预想答案，让自己拥有更多主动权

有经验的提问高手在正式“出击”前还会预先设想对方的答案，这样可以让自己做好应对的准备，根据对方的答案及时改变提问的策略，并且能够更好地引导对方的思路，因而可以在沟通中拥有更多的主动权。

小赵是一家打印机公司的电话销售人员，他入职还不到半年，业绩却一直在部门中名列前茅。同事们都很好奇他是怎样做到这一点的，纷纷向他询问窍门，而小赵总是谦虚地说：“我也没有什么特别的窍门，只不过每次打电话前多设想一下对方的答案罢了。”

原来，小赵每次打电话前，都会在纸上列好自己要问的问题，然后代入顾客的角色，设想所有可能的答案，之后再从每一个答案出发去列出应对的办法。做好了这样的准备工作后，他在与顾客进行电话沟通时就能做到胸有成竹、从容不迫。

有一次，小赵在打电话回访一位老顾客的时候就采用了这样的方法。当时，他询问了顾客这样的问题：“李先生，根据我们的资料显示，您已经使用本公司的打印机产品超过三年时间了，请问您对产品的性能还满意吗？”

小赵事先已经设想好了顾客回答“满意”“比较满意”“不满意”这几种答案的处理方法，所以当顾客回答“比较满意，其间只维修过一次”的时候，小赵立刻追问道：“那太好了，不过我还是想提醒您一下，这个型号的产品已经不再生产了，日后如果要更换配件的话可能会比较麻烦，所以请您务必按照正规的操作流程使用，以便延长产品的寿命。请问您的使用手册还在吗？”

毕竟是三年前购买的产品，小赵估计顾客保留使用手册的可能性较小，而顾客的回答果然与小赵设想的一模一样：“我的使用手册早就不见了，那我该怎么办啊？产品再出问题该怎么处理呢？”

小赵顺势回答道："您不用着急，虽然已经过了保修期，我们公司还是会提供上门维修服务的，只不过会收取一定的费用。当然，这比起购买一台新机器来说还是比较合算的。"

小赵有意提到了"新机器"，顾客受到了"暗示"，马上开始询问新机器的价格。小赵便拿出了准备好的资料，给顾客推荐了一款价格更便宜、功能比老款机器更完备的产品。顾客听完小赵的介绍后很是心动，主动提出想要了解更多的信息……

这位电话销售员之所以能够引发顾客的交谈兴趣，就是因为他很善于通过提问带动顾客的情绪，影响顾客的思路，而这与他在提问前所做的充足的准备是分不开的。他列出了顾客可能给出的各种回答，并分别准备了应对方案，这有助于避免在沟通中出现不应有的纰漏和答非所问的情况。在此基础上，他再配合使用一定的提问技巧，就能够达到事半功倍的效果。

我们在提问之前，也可以效仿这位销售员的做法，多尝试预想对方的答案。当然，这对于提问经验还不太丰富的人来说可能并不容易，不过我们也不要轻易气馁，只要多进行这方面的练习，随着经验的日益丰富，我们预想到的答案就会越来越接近于真实情况了。

具体来看，我们可以从以下两个方面来提升自己预想答案的能力：

1. 多进行换位思考

换位思考，就是代入对方的角色，从对方的角度出发去思考同样的问题，以便获知对方可能会给出的答案。这种方法特别适用于那些与我们关系比较密切的提问对象，因为我们比较了解对方的思维方式、语言习惯，就可以由此出发进行换位思考，往往能够做出非常精确的预想。不过在现实生活中，我们经常要和不熟悉的对象打交道，这无疑会提升换位思考的难度。为此，我们可以在提问前多做调查研究，尽量多了解对方的性格、兴趣、倾向等，再利用这些资料来猜测对方会如何回答问题，这种猜测往往能让我们在沟通中占据有利的地位。

2. 调动自己的发散思维

我们在预想对方的答案时还应尽可能地调动自己的发散思维，以便想出更多的方案，这样才不会错过任何一种可能。比如，一位员工打算向上司询问“能否加薪”的问题，这时就可以通过发散思维设想上司会给出的回答，如上司可能会回答“不能加薪”“能加薪”或“目前还不确定，需要等一段时间才能决定”等，这时这位员工就可以据此找到最佳应对方案，以说服上司答应自己的加薪请求。

当然，这位员工还可以进一步设想更多的细节。比如，上司回答“不能加薪”时顺便指出了原因是“员工业绩不佳”“员工资历不够”或“公司目前有困难”等，员工就可以从不同的原因出发进行巧妙的反驳。总之，多进行全面、细致、深入的思考，多准备几套问答应对方案，才能让自己在沟通中立于不败之地，最终赢得自己渴望的结果。

营造氛围，问答效果更加理想

氛围会影响沟通对象的情绪、认知力、积极性，也会直接影响到问答互动的效果。因此，我们在打算提问之前，应当做好氛围方面的准备，要尽可能地营造出一个非常理想的问答氛围，使对方在情绪轻松愉快、态度积极主动的情况下接受我们的提问，这样问答的效果就会更加理想。

一家中国企业正在与一家美国企业就一个重大合作项目进行远程谈判，前期双方的磋商过程并不算愉快，美方甚至认为中方缺少足够的诚意，致使谈判一度停摆。后来中方邀请美方代表访华，希望能够借此改变美方对中方的印象，使美方答应合作要求。

为了营造出一种融洽和谐的沟通氛围，中方选择在一家五星级酒店举行盛大的宴会，以表达对美方代表的重视。中方还对宴会厅进行了精心的布置，使现场氛围在隆重、高雅之中，又不失几分温馨。为了消除美方代表的戒心，中方特地选择了富有美国特色的宴会菜单，还挑选了几首旋律优美的美国民歌作为背景音乐。

当天，几位美方代表徐徐步入宴会厅，乐队立刻奏响了轻松悦耳的美国民歌，美方代表们都露出了惊喜的表情，他们高兴地与中方代表握手，还向乐队表示了感谢之情。在之后的晚宴上，美方代表吃着熟悉的家乡菜肴，心情更是愉悦。待宴会达到高潮时，中方代表不失时机地问道："相信贵方已经感觉到了我方对于合作的诚意，那么贵方是否愿意再给我们双方一个机会，重启这次谈判呢？"此时美方代表早就改变了之前对中方的不良看法，听到提问后，他们连连点头，给出了非常肯定的答案，之后还主动提出了下一次谈判的日期。

在上面这个案例中，中方代表在营造氛围时选择了非常高雅的场所，又引入了对方最为熟悉的菜肴、音乐等元素，使对方能够产生一种安全、放松的感觉，也让之后的沟通取得了良好的效果。这也提醒了我们，想要获得自己想要的答案，就要在提问前注意做好氛围方面的准备工作。

具体来看，我们可以从以下几个方面来营造良好的氛围：

1. 场所

选择在什么场所提问会影响到提问对象的心情，也会影响提问的效果，所以我们应当慎重选择最适宜的场所。如果我们打算向他人提问比较严肃和正式的问题，那么就应当选择在庄严的会议厅或正规的办公室进行；如果想要提问一些私人性质的问题，则可以选择在环境清幽、气氛良好的酒吧、咖啡厅或餐厅进行，在这种氛围中沟通，对方会觉得比较放松，可能会就我们提出的问题说出更多有价值的信息。

2. 声音

如果打算提问严肃的、重要的问题，就一定要注意隔绝噪声，否则喧哗的人声、吵闹的电视声、响亮的工地噪声等都会让对方的注意力分散，严重时还会让对方十分烦躁，从而影响问答的结果。所以我们在提问前要注意清除噪声，这也可以给对方一个信号，会让对方知道我们对这个问题的答案非常重视，那么对方的态度也会变得端正起来。

如果我们打算提问比较轻松的问题，还可以在隔绝噪声的同时播放轻松浪漫的音乐，以音乐作为背景，能够起到安定人心、舒缓紧张情绪的作用。当对方的情绪非常放松的时候，我们提出一些带有请求性质的问题，也更容易获得对方的应允。

3. 温度

在准备提问前，我们也不能够忽略温度因素，因为环境温度过高或过低都会让对方感觉非常不适，也会让对方失去继续沟通的耐心，我们也就很难获得比较满意的答复了。因此，我们打算在室外环境向对方提问的话，就要选择在气温适宜、不冷不热的天气下进行。如果在室内向对方提问的话，也要预先调节好室内的温度、湿度。有研究发现，人体在室温 18℃，湿度在 40%~60% 时会感觉比较舒适，精神状态也会较好，思维敏捷度和工作效率都会达到一个较高的水平。我们不妨按照这个标准来调节温度，使问答沟通能够进行得更加顺利。

4. 光线

光线的明亮程度会影响对方的心情和感受。过于强烈的光线会刺激对方的眼睛，分散其注意力；而过于昏暗的光线又会让对方感觉昏昏欲睡，提不起回答的兴趣，所以我们在提问前要注意调节好现场的光线。如果打算问比较正式的问题，应将光线调节到明亮而不刺眼的程度；如果打算问比较轻松的问题，则可以将光线调节到柔和而不昏暗的程度，这样对方能够减少防御心理，并可生出更多的安全感。

5. 色彩

色彩是氛围营造中不可忽视的重要因素，不同类型的色彩搭配会给人带来截然不同的感受。比如，以轻快纯洁的白色搭配明亮快乐的黄色及青春洋溢的绿色，就会让人觉得心情舒畅，还会引发人们的表达欲，我们的提问也能够得到积极的回应；可若是所处环境触目都是大范围的黑色、灰色，就会让人感觉沮丧、郁闷、悲哀，回答问题的积极性也会相对变差。因此，我们在提问前一定要考虑到色彩的影响，要尽量避免使用过于阴暗的配色，否则会让对方心情不佳，也会影响问答效果。

6. 气味

气味对于营造氛围也有特殊意义，当人们闻到了自己熟悉和喜欢的味道时，心情就会变得舒缓、平和，压力也能随之减轻，这时进行问答沟通，往往能够达到不错的效果。相反，若是闻到了难闻和刺激性强的气味，人们就会避之唯恐不及，根本无法专心听取并回答我们提出的问题。因此，我们在提问前也不能忘记做这方面的准备，可以在沟通场所摆放一些新鲜的花草，以便利用其香气来美化氛围。另外，也可以使用熏香或精油来释放美好的气味，如能够舒缓压力的薰衣草香、有助于提高注意力的柠檬香、可以强化记忆力的迷迭香等都比较适合在提问前使用，但要注意用量不可过大，否则气味过于强烈，反而会让对方感觉不适。

在营造环境氛围的同时，我们还要注意营造积极的心理氛围。为此，我们应当注意表现出轻松自然的态度，并要将一种积极的心理情绪传递给对方，使对方受到有益的感染。而在问答沟通的过程中，我们要注意考虑对方的心理变化，要大致抓住对方的心理波动情况，采取适当的提问策略，从而减少对方的防卫心理，使对方愿意敞开心扉和我们进行交流，并最终达到我们提问的目的。

第三章

分清提问类型，问题有的放矢

直接式提问：开门见山提出问题，不拐弯抹角

提问的类型多种多样，而直接式提问是一种最基本的提问类型。它也被称为“正面提问”或“正问法”，是指开门见山地提出问题，毫不拐弯抹角。这种提问类型会显得非常明快、直接，能够帮助我们快速进入话题，有助于提升沟通的效率。

当然，采用这种提问类型必须先选好适用的对象。一方面，我们可以对自己较为熟悉的对象进行直接式提问，即提问时直奔主题、不过多客套，这样反而能够彰显双方关系的亲密，也有助于沟通的顺利进行；另一方面，如果提问对象是社会经验丰富的公众人物，已经“身经百战”，经常接受各种各样的提问，那我们在提问时也不必过多地兜圈子，完全可以开诚布公、直截了当地提出问题，这样会显得直率、坦诚，也更容易赢得对方的好感。

记者小常到一家电子制造公司的生产部门进行访问，负责接待他的秦经理给他介绍了车间最新的安全生产规章制度，还列举出了众多的条文，并认真地谈了这些制度的深远意义。在沟通中，小常发现秦经理是一个外向、开朗的人，在采访时表现出来的态度也很积极、亲切，小常也就不再拐弯抹角，而是直截了当地提出了自己最关心的问题：“冒昧地问一句，贵公司会把安全生产制度长期坚持下去吗？”

听到小常的问题后，秦经理有一些惊讶，但马上就反应过来，他笑着回答道："会坚持下去的。'安全生产'一直是我们向员工强调的首要问题，我们推行这些制度，不是讲形式、走过场，而是要确保有效，要把'安全'两字铭刻在每个员工的脑海中。"小常对秦经理的直言不讳非常欣赏，双方在之后的一问一答中配合得更加默契了。

这次采访能够取得成功，是因为小常善于分析提问对象的特点，选择了直接式提问，才顺利地打开了局面。虽然他提出的问题比较直接，也带有一定的尖锐性，不过由于他面对的对象秦经理有相当的社会经验和社会经历，在应对这种提问时不但不会感觉到压力，还能够迅速领会小常的意图，在回答时也能够抓住重点，因而能够使采访的效率得到很大提升。我们如果打算采用直接式提问，就要像小常这样注意把握对象的特点，才能让提问产生更加理想的效果。

直接式提问还可以应用到其他沟通场合，比如，在与顾客、客户沟通时也可以尝试这种方法。

一家咨询公司因为业绩不佳，决定提升推广力度。他们先是在电视、报纸、公交和地铁广告牌上投放了大量广告，后来又在多个网站投放了在线广告，花费了一大笔宣传费用。然而，三个月过去了，公司业绩仍然没有起色。

在一次高层会议上，总经理号召大家群策群力，想一想推广方面的好办法。一位部门经理提出了自己的建议："我们为什么不去找到那些目标客户，向他们直接提问，看看他们到底想要什么样的服务呢？"

话一出口，在场诸人纷纷表示了否定的态度，一位主管还不客气地说："这也能叫建议吗？你确定这样做不会引起客户的反感吗？"

部门经理不服气地和这位主管争论起来，总经理劝止了他们，还让销售部门就按照这个直接提问的方法先试一试。销售部门工作效率颇高，他们用一天时间整理出了公司过去的重点客户以及想再争取的新客户名单，然后找经验最丰富的销售员一个一个打电话去提问。

销售员是这样与客户联系的："您好，本公司是业内最专业的咨询服务公司，曾经为 ××× 公司提供过战略顾问服务，请问您渴望获得哪一方面的服务呢？"

很多客户在听到销售员的提问后，都会认为该公司是一家很有实力的大公司，再加上销售员没有拐弯抹角地推销业务，而是直来直去地询问客户的需要，这也让客户产生了一些好感，所以客户也没有过多顾虑，就说出了自己对于咨询服务的一些要求。销售员借此了解了客户的需求，再推荐一些与客户需求相符合的服务，交易就这样达成了。

花费大笔广告费用解决不了的问题，却被一个直接式提问成功解决了，这看上去有些不可思议，但有的时候，事情并没有我们想象的那么复杂，很有可能会因为一句直接式提问而发生转机。所以在某些情况下，如果我们确实没有更好的办法，就不妨直截了当地去提问，这样反而会让成功的概率倍增。

在进行直接式提问时，我们需要注意做好以下这几方面的工作：

1. 提问要有针对性

直接式提问的问题要做到指向明确、针对性强，可以使对方一听就知道我们想问的是什么，以及我们期待的是何种回答。为此，我们在提问时可以使用一些意图明确的词语，并适当进行强调，以引起对方的注意。比如，在上面的案例中，记者小常使用了"长期坚持"这样的说法，销售员使用了"渴望获得"这样的说法，他们都清楚地表达了自己的意图，对方也接收到了这些信息，并进行了有针对性的回答，使得提问产生了实际的效果。

2. 要进行适当的铺垫

直接式提问不等于过于直白、生硬的发问，一般在提问之前，我们最好先进行适当的铺垫，以免让对方产生不舒服的感觉。比如，上面案例中的销售员在进行直接式提问前就简单地介绍了自己公司的信誉和成功记录，这就是一种有益的铺垫，能够减少客户的抗拒感，之后再发出直接式提问就更容易达到目的。

如果我们要问的问题比较尖锐、犀利，就更应当有所铺垫，才能避免惹恼对方、引起麻烦。比如，问话是"您对这件事情引起的负面效果有什么看法？"我们就可以加上一句带有恭维性质的铺垫语，使之变成"您是这方面的权威，对这件事情引起的负面效果您有什么看法？”那对方就会容易接受一些，在回答时态度也会变得积极一些。

3. 及时进行话题引导

在提出直截了当的问题之后，我们还要注意听取对方的回答，以确认对方是否准确地理解了我们的意图。如果对方的回答偏离了我们的预想，或是对方有“顾左右而言他”的表现，我们也不要急于打断，可以耐心、礼貌地倾听，待对方说完之后，再提出一个问题进行引导，使对方的思维可以被导引到“正题”上来。

不过，若是对方一再回避，或是表现出对其他话题更有兴趣，我们也不必一味纠缠，否则容易引起对方的不快。要知道，提问不是审问，更不是逼问，只有让对方乐意回答，我们才能达到提问的目的。所以，我们可以先顺着对方的话头去探讨其他问题，待时机合适的时候，再用其他提问类型如间接式提问、假设式提问、选择式提问、激励式提问等巧妙地重提最初的问题，就有可能促使对方做出积极的回应了。

间接式提问：不便直接开口的问题，用迂回的方式提问

间接式提问，顾名思义，就是不直接提出要问的问题，而是先提出与之相关的其他问题，然后瞄准时机，逐渐托出提问的要点。与直接式提问相比，这种提问类型更加迂回婉转，能够让提问对象慢慢消除顾虑，从而可以成为直接式提问有益的补充。在

直接式提问难以奏效的时候，或是提问对象有较强的防范心理的时候，我们都可以使用间接式提问来旁敲侧击、循循善诱，促使对方回答我们真正想问的问题。

某公司的销售员小贾去拜访了一名客户。双方寒暄了几句之后，小贾发现客户的态度不太热情，看上去显得很不耐烦。小贾本来准备开门见山地问客户这样的问题："您对我们公司的 ×× 产品感兴趣吗？"但看到客户的这种表现后，小贾马上调整了策略，改用间接的方式问道："您对我们公司的情况有了解吗？"

客户其实已经做好了拒绝推销的准备，但却没想到小贾并没有直接介绍产品，客户的防备心理一下子减轻了不少，他很自然地回答道："我看过你们公司的广告，似乎是一家有实力的企业。"

小贾微笑着对客户说："感谢您对我们公司的厚爱。那么，您对我们公司在哪方面的宣传印象最深呢？"

客户想了想，摇了摇头。小贾便从公司现在的主推业务开始介绍，并着重讲了讲市场对该业务的欢迎程度，当客户露出了感兴趣的表情后，小贾再小心地切回产品介绍中。这一次，客户听得比较认真，还提出了自己的一些问题，之后的沟通过程进行得非常顺利。

我们不妨设想一下，假如小贾在面对有抗拒心理的客户时，采用了直接式的提问——询问客户是否对产品感兴趣，那么客户只要回答一句"我不感兴趣"，就会让这次沟通提前结束，小贾也就只能无功而还了。幸好小贾及时地想到了这一点，改用了间接式提问，以拐弯抹角的办法逐渐逼近主题，最终既达到了推销沟通的目的，又没有引起客户的反感。

由此可见，我们在提问之前，也应当先“评估”一下对方的心理。如果发现对方有所顾虑、不太愿意沟通，或者对方在沟通时感觉紧张拘束，不知该如何开口，我们就可以采取间接式提问的办法，让对方能够获得心理缓冲的机会，之后我们再适时地问出真正想问的问题。

至于间接式提问的内容，则应当选择对方比较熟悉或可能会感兴趣的事情。这样对方无须过多思考，开口就能回答，也就能为之后的沟通奠定必要的基础了。

另外需要提醒的是，在选择提问的内容时还要注意避免“离题万里”的情况。也就是说，我们不能十分随意地找一个和所要谈的主题无关的话题来提问，否则即使成功地打开了对方的“话匣子”,也很难将话题引回主题,那就会让沟通的效果大打折扣了。

所以，我们应当始终牢记自己和对方沟通的目的，然后精心选择一个和沟通主题存在某些内在关联的问题去提问，之后才能通过问答互动逐渐将话题导入正轨。比如，在上面的案例中，小贾选择问客户“是否了解公司的情况”，由于小贾所在的公司非常注重广告营销，广告覆盖范围很广，并通过电视、报纸、杂志、网络等多种渠道进行宣传，客户很容易接触到相关信息，也会留下一定的印象，在回答这样的问题时就不会感觉有困难。而且这个问题与此次沟通的主题——推销产品也是有关联的，可以让客户对公司的实力产生信任感，继而会对公司的业务和产品产生兴趣，之后小贾再顺理成章地提出与产品相关的问题，客户就会愿意进行深入了解，沟通的目的也就能够得以实现了。

我们在提问时也可以学习小贾的做法，再根据自己所处的具体情境寻找适合的问题去进行间接式提问，只要问得巧妙，问得恰如其分，就能够达到事半功倍的效果。

封闭式提问：缩小讨论范围，获得特定信息

在很多时候，当我们向对方提问时，如果不希望对方在回答时任意进行发挥，而是希望对方能够按照我们期望的方向做出回答，就可以采用封闭式提问。这样我们就可以把预设的答案埋藏在问题中，使得对方在回答时思路受到一定的限制，不得不从我们给定的“框架”中进行选择并做出回答。

按照我们对答案的限制程度，封闭式提问又可以分为以下几种：

1. 适度封闭式提问

这类封闭式提问针对性较强，问话也很具体，要求对方只能针对某个特定的问题进行思考。比如“这款手机的价格是多少？”“您在北京生活了几年？”“您今天下午几点有空？”这些问题都可以看作适度封闭式提问，它们针对特定的信息点（价格、年数、时间）进行提问，对方在回答时就不能脱离这些信息点而

去天马行空地寻找答案。

2. 高度封闭式提问

这类封闭式提问就像是“二选一”“三选一”之类的选择题，通常是在问题中给定对方几个答案，然后要求对方必须从中选择一个最合适的答案。比如：

“您是去麦当劳还是去肯德基？”

“您是要用微信支付，还是现金支付？”

“这款车型有银色、蓝色、黑色几个颜色，您最喜欢哪一种？”

在这几个问题中，答案已经包含在了问话中，对方在回答时也只能在这几个答案中进行挑选。

3. 极端封闭式提问

这类封闭式提问一般只有非此即彼的答案，要求对方在回答时不能过多犹豫，只能当场表明态度。比如：

“你是否赞成这项提案？”

“你觉得这种做法对不对？”

“你能不能出面处理一下这件事？”

在遇到这类问题时，对方只能回答“是或否”“对或不对”“能或不能”，除此以外，没有别的选择余地。

上述几种封闭式提问的共同特点是缩小了讨论的范围，对方回答起来比较容易，一般无须进行过多的思考，就能够在较短的时间内回答较多的问题。与此同时，我们也可以从对方的回答中收集到需要的信息，所以很适合在进行查证、核实工作的时候使用这种提问类型。

我们还可以用封闭式提问来引导对方的思维，使他们可选择的余地不断缩小，最终只能做出符合我们预期的选择。比如，一位销售员希望和一名客户见面会谈，但若是直接询问对方“什么时候有空？”对方就会很自然地给出“我最近很忙，没有时间”这样拒绝性的回答。所以，销售员可以改用封闭式提问，问对方：“您星期三有空还是星期四有空？”如此一来，对方的思维就会陷入“二选一”的难题中，他会开始考虑自己究竟在这两天中的哪一天能够抽出时间，并会下意识地做出回答，而销售员就有可能获得一次面谈的机会了。

同样的情况也发生在了一家服装店里：

一位顾客走进了服装店，在货架前走走停停，似乎只是想随便浏览一番。一名导购走了过来，热情地向她推荐该店铺新上架的几款服装。顾客并没有强烈的购买意愿，就推托道：“这些款式太时尚了，我更喜欢休闲随意的款式。”

导购马上笑着问道：“那您看看那两款吧，它们都是休闲大方的款型，您看您更喜欢气质型的长款还是简洁型的短款呢？”顾客不由自主地顺着导购手指的方向看了过去，觉得这两款服装看上去确实不错，她犹豫了一下，说道：“我更喜欢长款的……”经验丰富的导购马上根据她的尺码拿来了一件合体的长款服装，并建议她去试衣间试穿一下。顾客没有拒绝，开始饶有兴趣地试起了衣服……

在这里，导购就抛给了顾客一个“二选一”的封闭式问题，将顾客的选择缩小到了两款服装上，从而成功地转移了顾客的注意力，并有可能促成交易。

像这样巧妙地设置封闭式提问，可以给对方一定的选择机会，同时又不会显得特别刻意，会让对方感觉最终的选择权还是由他自己掌握，因而能够满足对方的自尊心，对方也就会愿意配合进行这样的选择了。

需要提醒的是，在日常沟通中，这种封闭式提问不能过多地使用，否则会让对方看穿我们的动机，这样就达不到我们想要的效果了。而且我们在使用这种提问类型时也要注意自己的措辞、语气、语调，要尽量把话说得婉转一些、柔和一些，才不会让对方有被逼问或被诱导的感觉。

开放式提问：引发自由的思考，更好地展开话题

开放式提问是与封闭式提问截然相反的提问类型，这种问题没有严格的限定，可以留给对方很大的发挥余地，能够促使对方进行自由的思考。对方给出的答案也不会只是简单的字词，而应当是具体而详尽的解释和说明。

开放式提问中常常会包括“为什么”“怎么”“什么”“如何”“哪些”这样的词语，我们可以根据提问的需求来选取合适的词语：

1. 用“为什么”来提问

如果我们想要向对方询问某一事件的原因，就可以用“为什么”来提问，如“你为什么会有这样的想法呢？”“顾客为什么更偏爱这种产品呢？”对于这样的问题，就需要对方积极思考后，在回答中给出相应的解释。

2. 用“怎么”“如何”“什么”来提问

如果我们想要了解某一事件发生、发展的具体情况，就可以用“怎么”“如何”“什么”来提问，如“他们是怎么解决这个问题的？”“你遇上了什么麻烦？”对方需要在回答中做出具体的描述，让我们可以获得更加丰富的信息。

3. 用“能不能”“愿不愿意”来提问

我们还可以用“能不能”“愿不愿意”等词语来提问，这可以引导对方进行自我分析，我们也可借此了解对方的看法和意见。如“能不能告诉我你对这件事情的想法？”“你愿不愿意谈谈自己的观点？”这些问题具有很强的开放性，常常能够促使对方敞开心扉、畅所欲言，与我们分享自己真实的观点和意见。

上述这些开放式提问能够让对方在思考时感觉更加自由，有助于激发对方的沟通热情，但也因为对方在回答时不受限制，所以很容易出现“跑题”的情况，对方可能会漫无目的地说上很久，就会造成时间的浪费。而且我们从对方的话语中获得的信息量过多、过于零散，在分析、整理时也就会觉得更加困难，所以在进行开放式提问时，我们应当注意正确地引导对方的思路，使对方的注意力能够始终集中在沟通的主题上，这样我们获得的信息也会更加集中和准确。

在实际运用时，开放式提问需要与封闭式提问搭配使用，不能长时间使用一种提问类型。如果一直使用开放式提问，就会让谈话节奏无限放慢，还会让对方抓不住沟通的重点；但若是一直使用封闭式问题，又无法激发对方沟通的积极性，还容易让对方失去耐心，所以我们需要根据自己所处的沟通情境，巧妙穿插使用两种提问类型，就能够较好地控制谈话的节奏了。

在下面这个案例中，一位销售员在与客户进行电话沟通时，就灵活地运用了两种提问类型，并取得了良好的效果：

销售员：您好，我是 ×× 财务软件开发公司的小魏，可以请教您几个问题吗？（封闭式提问）

客户：可以。

销售员：我们公司最近正在开发一款有助于改进账务管理的软件，不知道您在这方面有什么好的建议吗？（开放式问题）

客户：我对这个问题也感到非常头疼，我们公司的财务人员总是粗心大意，账目经常出现漏洞，要是有软件能够自动做账就好了。

销售员：我们公司就有这样的软件。您之前了解过这方面的软件吗？（封闭式提问）

客户：不了解，你给我介绍一下吧。

销售员：我们公司销量最好的一款财务管理软件能够大幅提升财务人员的工作效率，而且可以帮您及时了解每日产品进、销、

存的数据，对回款、欠账问题也能给予及时提醒。我可以到贵公司为您演示一番，您看如何？（开放式提问）

客户：听上去还不错，不过我还是需要亲眼看看，是不是真像你说的这么好。

销售员：肯定没问题的。那我今天下午去贵公司吧，请问您2点还是3点有空？（封闭式提问）

客户：2点。

销售员：好的，我一定准时前来。

销售员在与客户接触初期，就礼貌地将说话的主动权让给了客户，表示要向客户“请教”，这无疑能够引发客户交谈的兴趣；之后，销售员又使用了开放式提问，并通过客户的回答挖掘到了他的真实需求；接下来，销售员又有针对性地介绍了一款产品，再利用开放式提问启发客户说出了自己的看法；最后，销售员用“二选一”的封闭式提问锁定了与客户见面沟通的时间，赢得了电话销售活动的成功。这一套提问“组合拳”看似简单自然，却体现出销售员高超的沟通技巧，很值得我们学习和借鉴。

我们在与他人进行沟通时，不妨先“搭配”一下自己要问的问题，将开放式问题和封闭式问题巧妙穿插、结合，先用开放式的问题打开对方的谈兴，让对方尽情地说出自己的想法、感受和顾虑，然后再逐步锁定特定问题，不断增加封闭式提问，这样我们的提问就会变得更有力量、更有价值。

假设式提问：进行合理的假设，引发积极思维

假设式提问，就是在提问中为对方假设一种情境，然后让对方由此出发进行大胆的想象，并做出积极的回答。一般在课堂上或面试中，这种提问类型出现的频率很高，常被用来启发对方的思维，还可用以考察对方的应变能力、解决问题的能力等。

在一次面试中，面试官为了考察求职者分析和解决问题的能力，就精心设计了这样一个假设式提问："假设你是本公司的员工，某天你的上司给你安排了一个几乎不可能完成的任务，你会怎么做？"

这个问题看似简单，却让不少求职者陷入了困惑中。因为他们知道，对于上司的要求不能直接拒绝，但若是硬着头皮接下了任务，最终却不能圆满完成，结果就会更加糟糕。于是他们左右为难，不知该如何回答才能让面试官满意。

这时，有一位求职者大胆地站了出来，用自信的语气回答道："我不会直接拒绝我的上司，但我希望他能给我一些分析任务的时间。我会对这个任务进行仔细的评估，并尝试把它分成若干环节，以尽可能地降低难度，我还会尝试寻求上级和同事的帮助，特别是在遇到困难的时候，我会向上级求助，请他提供人力或物

力的支持。假如我已经用尽全力，却还是没能取得进展，我也会及时向上级汇报，以免给公司造成更大的损失。”

面试官对这个回答非常满意，他认为求职者富有勇气，又善于进行理性分析，而且还注意与上级和同事保持沟通，是一个综合能力过硬的人才。最终面试官录用了这位求职者。

在这次面试中，面试官的提问就是一个非常典型的假设式提问，采用这样的提问类型能够引发积极的思考，也可以为进一步讨论打开空间，面试官也可借此了解求职者的能力、思维方式、工作风格，所以很多面试官对这种提问类型都“情有独钟”，常常会发挥自己的想象力，设计出很多有趣的问题，比如：

“假设一个愤怒的客户要求越过你和你的上级直接沟通，你会怎么做？”

“如果竞争对手公司发布了一款新产品，你会建议研发团队做出怎样的回应？”

“假如你是本公司的新员工，有一天，你在乘电梯时遇到了本公司的董事长,你会如何利用这个机会给他留下深刻的印象？”

观察这些问题，我们会发现假设式提问会有特殊的提问语，如“如果”“假如”“假设”等，在这些提问语之后，我们可以设置一种虚拟的情境，然后让对方将自己代入该情境中进行思考。不过，这种情境不应设置得过于随意，否则就会缺乏实际的意义，无法起到引导对方思维的作用。所以，我们在进行假设式提问时，应当注意避免出现以下几类问题：

1. 情境设置超越了对方的认知水平

我们设置的情境应当与对方的认知水平、工作或生活经验等相符合，否则对方会感到非常茫然，很难给出让我们满意的回答。以面试为例，如果对方面试的是客服类的岗位，从未从事过销售方面的工作，我们却向对方提问道："假如你是我们公司的销售部经理，现在公司推出了一批新产品，你打算用什么方法进行宣传？"由于对方不熟悉销售部经理承担的职责和所做的工作，就会有无从答起的感觉。像这样的提问就是超出了对方工作经验和能力的问题，也是没有意义的问题，必须进行调整。

2. 情境设置得过于空泛，描述也不够严谨

我们在设置情境时还要注意尽量具体一些，有针对性一些，好让对方能够在听到问题后，脑海中立刻就会出现一些线索和思路，而不会感到迷惑不解。另外，我们在描述问题时不要出现模糊不清或是有歧义的现象，应当尽量严谨一些，精确一些，这样才能引领对方真正进入"角色"，并激发对方的能动性，促使对方展开想象力，从而有感而发、畅所欲言。

3. 情境带有明显的倾向性

假设式提问的目的是引发对方的思考和想象，以便从答案中考察对方的真实能力，了解对方的真实想法，所以我们一定要让对方在回答中"说真话"。为此，我们设置的情境应具有中立性，而不能带有明显的道德观、价值观的倾向，否则对方很容易顺着这种倾向去编造一些违心的答案，我们也很难从中判断真伪。因

此，我们一定不能在题面中流露出我们的意图，也不要刻意地引导对方给出符合我们期望的答案。

只有避免了上述这些问题，我们才能设置出合理的情境，假设式提问也才能够产生应有的效果，从而帮助我们将对方真实的思维、真正的能力考察得清清楚楚、明明白白。

反诘式提问：针对错误提出诘问，激发进一步思考

反诘式提问，也叫诘问，就是从对方答案中的错误、矛盾之处入手，进行逆向询问，从而能够激发对方进行深入思考，并能够主动发现问题，进而可以自行领悟出新的、正确的答案。

要注意的是，“反诘”与“反问”并不相同。反诘带有追问的意味，需要对方在思考后得出答案。而反问一般不需要对方的回答，因为答案已经暗含在了反问句中。比如，“难道你会不知道？”（说话者的意思其实是“你应该知道”），“你们怎么可以这么做呢？”（说话者的意思其实是“你们不可以这么做”），这些反问句可以看作陈述句式的改版，能够起到强调语气的作用。

至于反诘式提问则是一个比较复杂的过程，需要深谙沟通艺术的人才能熟练自如地运用这种提问的方法。古希腊著名的哲学家苏格拉底就很善于用反诘式提问来启发他人的思维，并给我们留下了很多经典的案例，以下这个关于“什么是勇敢”的问答案

例就是其中之一：

有一天，一位朋友来拜访苏格拉底，两人在闲聊的时候谈起了“什么是勇敢”的话题。

这位朋友是一个性情爽直的男子汉，他拍拍胸口，大声说：“我认为勇敢就是在战场上不怕牺牲、勇敢冲锋。”

苏格拉底并不赞同朋友的看法，但他为了不伤害朋友的自尊心，没有直白地指出其中的问题，而是采用了反诘式提问指引朋友主动去思考。他先提出了这样一个问题：“假如有一队士兵为了打胜仗，不得不先从战场上撤退，然后迂回包抄敌人，最终取得了胜利。你认为他们算不算是勇敢的人？”

朋友想了想，点头道：“当然算。”

苏格拉底笑了笑说：“那我们是不是应该对勇敢重新定义呢？”

朋友表示同意，并给出了自己的意见：“勇敢应该是坚忍不拔、不达目的不罢休。”

苏格拉底还是觉得不满意，又一次问道：“假如现在有两队士兵，他们都坚守在各自的阵地上，都表现得坚忍不拔。不同之处是一队士兵知道自己马上就能盼来援军，而另一队却只能孤军奋战，你认为他们谁更勇敢？”

朋友陷入了沉思，过了好一会儿，他才说道：“那么，勇敢应当是不顾风险吧。”

苏格拉底发现朋友的思路出现了偏差，急忙提出了新的问题：“假如有人不慎落水，有两个过路的人看到了，都不顾一切地跳入水中去救人，他们一个会游泳，另一个却不识水性，你认为哪个人更勇敢呢？”

朋友叹了口气说：“看来我的认识还不是很全面，不会游泳的人却要下水救人，这不是勇敢，而是愚蠢，所以不顾风险并不等同于勇敢。”

就这样，他们你一言我一语，越谈越投机。随着谈话的不断深入，朋友对于“勇敢”的认识也越来越全面，越来越深刻……

苏格拉底在发现朋友的观点中存在错误的时候，没有急于去纠正，而是针对这个错误设计出一种有趣的场景，并由此出发对朋友进行反诘式提问，使朋友意识到自己的答案是存在漏洞的，之后他就会自己去修正和完善这种不成熟的想法。

在进行反诘式提问时，我们要把握的最关键的要点就是“引导”，也就是说，一定要让对方感受到自己的认识误差，而不能向对方灌输自己的观念，代替对方去思考，否则反诘式提问就会失去意义。也正是因为这样，苏格拉底才会这样说道：“问题就是助产士，她能够帮助新思想的诞生。”

具体来看，反诘式提问可以按照以下流程进行：

1. 反讽

这一步也被称为“苏格拉底讽刺”，指的是在与他人探讨某个话题时，即使发现对方的观念是不正确的，也不要据理力争，而是可以设置一种场景，对对方不断地发问，让对方回答，使对方不知不觉地在追问中露出破绽。

2. 定义

经过反讽的步骤后，对方似是而非的观念在一问一答的环节中逐步得到澄清，这时我们可以和对方一起归纳出比较明确的定义。在这个过程中，如果我们发现对方还有认识不明的问题，我们就可以像苏格拉底一样进一步设置新的场景，启发对方深入思考，使对方的认识越来越清晰、准确。

3. 引导

在最后一个阶段，我们需要引导对方自己得出结论，而这也是最能考验我们提问艺术的步骤。我们需要向对方容易理解的方向引导，而不应将对方的思维引向更深奥的方向，让对方不知道该如何回答我们的问题，这样思维也会逐渐陷入迷障。

此外，在进行反诘式提问时，我们还要注意让所有的问题都环环相扣，而不能天马行空地胡乱提问，否则就无法较好地引导对方的思路。因此，我们在进行反诘式提问时一定要保持思维的缜密性，这样才能帮助他人深刻地认识问题，同时也会让我们的提问能力更上一个台阶。

追问式提问：追根究底，探索最为核心的问题

如果我们遇到了比较复杂的、无法用简单的提问厘清的情况，或是发现对方的认识还处于模糊、不成熟的水平，这时我们就可以尝试采用“追问式提问”。这种提问类型采用了层层递进的方式，

每一个问题都是紧接着前一个提问来设计的，能够帮助对方厘清思路，并可以形成清晰的理性推理。而且这种提问带有“打破砂锅问到底”的意味，能够激起对方追根究底的决心，因而可以直逼核心问题，从而能够找到最关键的解决方案。

高伟是一名小有名气的营销咨询师，为很多企业提供过咨询服务，也赢得了众多客户的好评。这天，一位客户慕名来访，他先表达了自己对高伟的敬意，继而提出了请求，希望高伟能够给自己的公司出谋划策。

高伟笑道：“据我所知，贵公司的业绩在行业内是数一数二的，还有什么需要提升的地方呢？”

客户叹了口气道：“最近半年来，公司业绩停滞不前，我觉得可能是营销部门能力不足，急需改进型的培训，不知您是否可以提供这方面的帮助？”

高伟没有直接给客户答复，而是采用了追问式提问，想看看让客户烦恼的是否真的是营销方面的问题。于是，他顺着客户的问话反问道：“为什么你觉得营销部门需要改进？”

客户回答：“因为公司需要开发更多新用户。”

高伟问道：“为什么需要开发这么多新用户呢？”

客户道：“因为现有的用户流失太快，已经无法支撑公司的增长目标了。”

高伟从客户的回答中捕捉到了一个重要的信息——“用户流失过快”，他由此出发继续追问道：“当前的用户流失率是多少？”

客户露出了无奈的表情，回答道："已经接近20%了。"

高伟用惊讶的语气问道："为什么会有这么高的用户流失率？"

客户也愣住了，他思考了一番，说道："最近几年，我们过于注重规模，却忽略了效率和质量，有用户反映我们的产品质量下滑，售后服务也有不少问题。"

高伟点头道："那您觉得当前需要改进的重点是营销部门吗？"

客户恍然大悟："我明白了，真正需要改进的是我们的品控部门和售后部门！"

在这个案例中，咨询师借助追问式提问，对看似复杂的现象层层抽丝剥茧，启发客户进行深入思考，帮助客户揭开了核心问题的"面纱"，从而有效解决了困扰客户的难题。我们也可以进行这样的追问式提问，要学会用一个个"为什么"去顺延对方的逻辑思路，并从中发现值得利用的"突破点"，从而顺势激发出对方的灵感和创新意识。

在进行追问式提问的过程中，我们需要把握好追问的时机，一般比较适合追问的时机有以下几种：

1. 对方表述不清时

如果对方对一个问题产生了自己的想法，但却无法清晰地表达，我们就可以通过追问帮助他们弄清自己真正要表达的意思。这时，我们要准确地把握对方的想法，然后用具有科学性、指导性、简洁性的语言去一步步追问，使对方心中不成熟的理念逐渐成形。

2. 对方缺乏思考时

如果对方对于某个问题有无从下手的感觉，我们也可以对其进行有效追问，这可以帮助他们拓宽思路，找到解决问题的切入点。在进行这样的追问时，我们设计问题的难度应当逐渐增强，并且要留给对方足够的思考余地。在问题一个一个得到破解的过程中，对方也会获得思考带来的愉悦感和成就感。

3. 对方偏离主题时

如果对方在回答问题的时候出现了偏离主题的情况，我们也可以通过追问帮助他们收束过于天马行空的思维，使他们回到正确的思考方向上来。这样的提问带有提醒的性质，问句不必过长，只要注意强调某些特定的关键字，使对方的注意力能够回到这些关键点上即可。

4. 对方回答过于浅显时

如果对方无法进行深层次思考，回答过于浅显、缺乏深度的时候，我们也要及时地通过追问来提供科学的思维方法，为他们搭设思维的跳板，帮助他们从肤浅的认识逐步深入，从而能够突破难点，在更高的层次上继续思考。

除了上述几点外，在对方的答案具有一定的价值但还不够完善的时候，我们也可以进行追问。这类追问可以引发对方进一步思考与探索的热情，能够增强对方深入研究的内在动力，因而能够激发智慧的火花，获得满意的结果，我们的提问也会因此而变得更有意义。

自答式提问：明知故问，强调的意味更加鲜明

自答式提问，其实就是我们常用的设问法，它是一种不需要对方回答的提问类型。我们在使用设问法的时候，可以先故意提出一个问题，然后自己给出答案，这样做的目的是充分强调我们所要阐述的内容，从而能够赢得对方强烈的关注，并启发对方的思考。

很多提问高手会在演讲、辩论、会议等场合使用设问法引起听众的关注，有时他们还会使用多层次的、连续性的设问增强话语的气势，让自己所要表达的内容能够深深震撼听众的心灵。

在某大学举办的演讲比赛上，一位演讲者正在台上慷慨陈词，可由于天气炎热，会场内空气室闷，听众听取演讲的热情不是很高。演讲者留心观察着听众的反应，看到他们有的与邻座交头接耳，有的昏昏欲睡，还有的露出了不耐烦的表情，这不禁让演讲者感到十分着急。

为了重新找回听众的注意力，演讲者决定采用设问的方法来强调自己所要讲的内容。他突然提高了音量，大声问道："同学们，你们有没有想过，是什么让我们激情洋溢的校园生活渐渐失去了原本的色彩？又是什么让我们心中的热情逐渐冷却，再也找不到刚刚走进校门时那种激动的心情呢？"

演讲者连续抛出了两个问句后，全场听众顿时感觉精神一振，他们都被演讲者的问题吸引了，不约而同地将目光投向了演讲者，想听听他到底想要说些什么。

演讲者知道提问已经产生了效果，也觉得非常满意，他趁热打铁，紧接着上面的问句继续发问道："是因为我们已经不再年轻了吗？是因为我们已经习惯了安定的校园生活了吗？是因为我们把'象牙塔'当成了庇护所吗？不！都不是！所有这些问题的答案只有两个字，那就是'自己'，因为自己不再努力，才会失去激情、失去活力，而这与年龄无关，与安定无关，与'象牙塔'无关，因为主宰一切的最终还是我们自己！"

这番话讲完后，全场听众陷入了沉思，显然演讲者的设问在他们的心中掀起了巨大的波澜。演讲者也有意地沉默了半分钟，以留给听众一些回味和反思的时间。之后，他继续演讲准备好的内容，听众都听得非常认真，演讲也取得了十分理想的效果。

演讲者注意到听众产生了疲劳感，就采用了设问的办法来引发听众的关注和思考。他一连设置了五个设问句，使演讲内容得到了深化，听众开始跟随着这些设问去思考校园生活平淡无趣的原因，而当演讲者最终给出答案的时候，每一位听众都被深深地震撼了。与此同时，演讲者也通过设问将澎湃的激情注入到听众的心中，使得听众认识到了自己身上存在的问题，知道自己不应再消沉颓废下去，而是应当努力改变现状，让生命迸发出新的活力。

从这个案例中，我们不难发现设问的魅力。在平时沟通的时候，如果我们想要强调、突出某部分内容，就可以改变平铺直叙的做法，代之以这种“明知故问”的设问法，这会让平实的话语产生更多的变化，也会帮助我们牢牢抓住沟通对象的心。

具体来看，设问的形式主要包括以下几种：

1. 单一设问

单一设问就是先提出一个问句，紧接着给出一个答句。这种设问的主要作用是快速吸引对方的注意，同时能够引出下面要谈的内容，因而可以起到承上启下的作用。比如：

“你知道那个人是谁吗？不是别人，正是贾明！”

“竺可桢走进北海公园，是为了观赏风景吗？不是，他是来记录气象变化、进行科学研究的。”

“什么样的青春是最有意义的？为祖国、为人民、为社会主义事业无私奉献的青春才是最有意义的！”

上述设问句都是由一问一答组成的，问句能够引起对方的兴趣，使他们迫切想要知道答案，而答句则可以解开他们心中的困惑，会让他们有一种恍然大悟的感觉。

2. 数问一答

数问一答就是提出一连串的问句，到最后才集中给出统一的答案。在本节案例中，演讲者的设问就属于这种形式。著名作家茅盾在题为《欣赏与创作》的文学演讲中，也进行过这样的设问：“美，有粗线条雄壮的，比方一棵大树；也有细线条纤巧的，例如盆景里的花草。但是大树或盆景，是否人人都觉得美？美之所以为美，是不是人人意见相同？对于同样的自然物或艺术品，是不是大家都有相同的感觉？对于同样的文艺作品，是不是大家都有相同的喜好？显然会有不相同的情况！”

在这段话中，茅盾用一连串的设问句引出了最终的否定回答，而听众一直跟随着这些问句进行思考，最后又可以从答案中印证自己的想法，因而能够让演讲产生引人深思的效果。

3. 连续问答

连续问答结合了设问句和排比句的形式，在句式上是由多个单一设问构成的，每个设问句之间又有并列或层层递进的关系。比如：“专注力是什么？专注力是一种排除干扰的决心；专注力是什么？专注力是一种不达目的不罢休的毅力；专注力是什么？专注力是一种能够帮助你实现心中目标的力量。”

上述设问句就通过连续问答的方法，增强了提问的感染力和冲击力，让人们对专注力的重要价值有了一种更为深刻的认识。而且这段话句式结构分明、层次清晰，形成了一种势不可当的气势，因而具有强大的论辩力量。

我们可以根据沟通的具体需要，选择使用上述这几种形式的设问句，但要注意讲究内容的逻辑性与联系性，要让设问句与自己想要阐述的主要内容紧密相关，这样才能产生实际的意义。

另外，设问句是不能滥用的，如果动辄设问，就会失去新鲜感，容易让沟通对象产生“审美疲劳”。因此，我们要选择在最关键的时点设问，如在演讲开场的时候，或是会议中、演讲中、辩论中需要特别强调某些内容的时候,都是最适合运用设问法的时候。我们可以抓住这些时机巧妙设问，就能够让沟通对象对我们的话语产生十分深刻的印象。

第四章

锤炼提问语言，寻求完美答复

尽量用简洁的语言把问题讲清楚

提问是一门技巧性很高的语言艺术，只有问得清楚、问得巧妙，才能让对方乐于回答，并能够推动沟通顺利进行。而这就要求提问者首先要注意语言的简洁明了，尽量使用清晰明白、言简意赅、通俗易懂的话语把问题讲清楚，对方才能接收到准确的信息，并知道自己该从哪个角度组织语言进行回答。相反，若是提问者的语言啰啰唆唆、含混不清，就会让对方感觉摸不着头脑。

销售员小马最近几个月的业绩很不理想，他一直在和一个客户做着无谓的纠缠。小马很想说服客户签下订单，但客户总是提出一些颇为苛刻的要求，有时还会中途变卦。小马浪费了不少时间在这个客户身上，到头来却一无所获。无奈之下，小马只好向销售部门的主管丁先生求教，想问问他对于这种情况有没有什么好的建议。

小马走进了丁先生的办公室，看到丁先生正好有空，就开口问道："主管，我最近遇到了一个特别难缠的客户，他很有实力，如果能够说服他，肯定可以给公司带来一笔可观的利润，可是……"丁先生最初还认真地听着小马的话，可几句话过去，小马却还没进入"正题"，丁先生忍不住打断了他："你想问什么问题？直接一点。”

小马愣了一下，马上开始描述客户的具体信息，他觉得把这些细节都说得透彻明白后，才能引起丁先生的重视。可是在丁先生看来，小马就是没有抓住重点，不懂提问的语言艺术，这让他感觉很不耐烦。几分钟后，丁先生又一次打断了小马：“我的时间非常宝贵，不想听这些没用的细节。请你用一句话说清楚你要问的问题！”

小马这才觉察到了丁先生的不快，他感到十分尴尬，赶紧在心中组织了一下语言，这才问道：“我该怎样说服一个难缠的客户放弃那些苛刻的要求，同意签下订单？”

听完这个问题后，丁先生满意地点了点头说：“我知道你的意思了。你看，你本来可以用一句话提出自己的问题，可你却绕了这么大的圈子，让我听得莫名其妙，还耽误了我们彼此的时间，这又是何必呢？”

丁先生的“点评”让小马羞愧地低下了头……

小马在提问时，讲述了很多无关紧要的细节，浪费了时间却没有问到点子上，这不但无法达到提问的目的，还会让对方失去耐心，甚至会感觉厌烦。这也提醒了我们，在提问的时候语言切忌烦琐冗长，而应精确、清晰、明白，要让对方一听就懂。不过，在很多时候我们常常会在提问时忘记这一点，当我们想要开口的时候，脑海中总是会徘徊着大量的信息，我们生怕会在提问时忽略重要的信息，所以难免会像小马这样不由自主地问得太多、问得太乱。

对于这种问题，我们可以用“奥卡姆剃刀定律”予以解决。这条定律是由14世纪英格兰的逻辑学家奥卡姆提出的，主要的思想可以概括为八个字“如无必要，勿增实体”。也就是说，如果没有必要的话，就不要再去增加额外的东西。把这条定律运用于提问的话，我们就应只针对最重要的、最关键的东西提问，同时要坚决剔除那些无用的概念、冗繁的表述、多余的问题。

从这一点出发，我们可以总结出能够让提问变得简洁的几个方法：

1. 简化问题的数量

有的提问者在提问时，常常会因为心急而提出一连串的问题，这会让对方感觉非常困惑。一方面对方很难准确记忆这些问题并一一给出回答；另一方面对方的思路也会受到影响，在回答时可能会抓不住重点，由此就会让沟通的效果下降。所以，我们必须避免“连珠炮”式的提问，要简化自己的问题，只保留必须问的问题，剔除没有必要提问或可问可不问的问题，这样就可以把问题的数量减到最少。

美国一家网络媒体的特约记者马克斯·林斯基还提醒我们，在提问前可以写下提纲。这种提纲最初可能会非常庞大，会有大量的问题，我们需要把它们提炼总结为15~20个问题，然后只向对方提问其中的10个问题。我们可以就这些问题逐一进行提问，等对方给出回答后，可以稍许停顿一下，给对方留出一个思维缓冲的时间后，再从容地提下一个问题。

2. 简化提问的内容

在提问之前，我们最好先设计一下自己的问句，可以把要问的重点或要点列在一张纸上，再从这些要点出发，写出要问的问题。之后，我们可以读一读这些问题，看看语句是否通顺，有没有明显的语病，另外还可以看一看问题中是否有多余的或是可能会引发歧义的表述，如果有这些情况，就要进行删除，或用更加清楚明白的说法去代替。经过这样的“润色”后，提问的内容就更容易让对方理解，也便于对方做出有针对性的回答。

3. 简化问题中的背景信息

提问时需要包含一定的背景信息，以便给对方一些提示，这样问题才不会变得过于宽泛、难懂，但这种背景信息的量不宜过多，切忌像案例中的小马这样先介绍一大堆背景信息，却迟迟没有说到想问的问题，这样的提问内容过于散乱，最终得到的答案也很难让人满意。因此，我们在提问时还要注意剔除过多的背景资料，只要能够让对方知道我们需要什么样的答案就足够了，不必像写论文一样事无巨细都要介绍清楚。

事实上，如果对方在回答时需要知道什么背景的话，他们就会主动提问，届时我们再用简洁的回答予以补充，就能够让对方的思路变得更加清晰，问与答的沟通过程也会变得更加顺畅、高效。

在提问中使用礼貌用语，让对方更乐意交流

在向他人提出问题时，我们应当尽量多使用一些礼貌用语，这可以体现出我们的个人修养，还能够表达出对他人的尊重和友

好之情，不仅会赢得他人强烈的好感，也会让提问和回答的过程进行得格外顺畅。

一家公司准备招聘一名公关经理，前来面试的求职者中，有两人各方面条件都很优秀，老板决定亲自与这两人沟通，以便选出最合适的人选。

老板先与求职者A面谈，求职者A在学历方面虽然有所欠缺，但他具有丰富的工作经验，而且言谈举止落落大方，让老板比较满意。在面试进行到尾声时，求职者A很有礼貌地问道："感谢贵公司给我提供了这次宝贵的机会，我感到非常荣幸，不知贵公司对公关经理职务还有哪些期望和要求？"老板对求职者A礼貌的措辞非常欣赏，并从这个问题中发现他是一个对工作有兴趣、有诚意的人，对他的印象便更好了。不过老板还是想再和求职者B谈一谈，之后再做决定，因为求职者B毕业于一所世界名校，很符合老板对于高素质人才的要求。

老板满怀期待地与求职者B开始了沟通，没想到求职者B的表现却让他大跌眼镜。求职者B虽然拥有博士学历，对沟通的技巧却一窍不通，说话语气生硬、咄咄逼人，让老板觉得很不舒服。面试结束时，老板告诉求职者B："你先回去等消息吧。"求职者B却毫不客气地问道："你就不能马上给我一个确切的回复吗？到底行还是不行？"老板十分惊讶，对他说："这是我们公司面试的正常程序，请您回去耐心等待。"求职者B这才悻悻离去，老板看着他的背影，忍不住连连摇头。

老板最终会录用哪位求职者，答案不难猜出。求职者A虽然没有优越的学历背景，却靠着礼貌的提问赢得了老板的青睐，而求职者B空有漂亮的学历，却不通人情世故，在提问时更是缺乏基本的礼貌，让老板颇为反感，也让他自己白白失去了一次宝贵的就业机会。

这个案例也提醒了我们，在提问时一定不能忽略礼貌用语这个看似不起眼的因素。在沟通中，礼貌是最基本的态度，也是最重要的态度。一个人即使具有非常出众的才华和能力，但若是不懂礼貌，不会使用礼貌用语，那也很难获得成功。因为，在现实生活中没有谁愿意与一个不懂礼貌、毫无教养的人交流，而那些礼貌待人的人才能获得良好的人际关系和更多的发展机遇。所以，我们一定要有意识地使用礼貌用语来提问，并最好能够养成习惯，让礼貌、动听的话语成为我们提问成功的“敲门砖”。

那么，在提问时我们可以使用哪些礼貌用语呢？

1. 在提问中使用敬语

敬语，也叫“敬辞”，是用来表示对对方的尊敬之情的用语，如“请”“您”“贵”“高”等。当我们在比较正规的场合提问的时候，或是向年龄比我们大、职位或辈分比我们高的对象提问时，都应当注意加上敬语。比如，在询问对方的年龄、姓氏时就可以这样提问：“请问您贵姓？”“请问您贵庚几何？”这样的问话就要比直来直去地提问“你姓什么？”“你多大了？”要礼貌得多。再如“请问您在哪里高就？”也比“你在什么地方上班？”的说法要动听一些，也更容易让对方接受。

2. 在提问中使用谦辞

谦辞是表示谦恭态度的一种用语，在提问时使用“鄙人”“小可”“拙见”等谦辞，能够体现自身谦虚的气度和良好的修养。比如，一位员工就工作中发现的问题向上级提出了一些意见，之后他就这样对上级提问道：“这只是我的一点拙见，不知您有什么看法？”像这样用谦辞去提问，能够起到抬高对方的效果，对方听到后心中会觉得很舒服，也就会乐于给出自己的答复了。

3. 在提问中使用致歉语

如果我们的提问可能会给对方造成不便，比如问题比较尖锐，会让对方感觉棘手，或是问题比较突兀，可能会打扰到对方，那我们就应当在问话中加入“冒昧”“不好意思”“打扰了”等致歉语，使得提问句变成“冒昧地问一句……”“不好意思打扰您一下，我想问问……”等形式。通过这样的表达方法，对方就能够接收到我们真诚的歉意，也就不会因为我们突如其来的提问而心生抱怨了。

4. 在提问中使用请托语

如果我们需要请求对方为我们做某件事，或是向对方询问某个问题的答案，就应当在提问中加入“劳驾”“敢问”“麻烦”等请托语。如“劳驾您过来一趟，好吗？”“敢问这句话是什么意思呢？”像这样提问，会让对方感觉我们的态度非常诚恳，对方会心生好感，也就不会拒绝我们的请托了。

5. 在提问中使用征询语

在提问时我们还可以经常使用“好吗”“行吗”“介意吗”“怎么样”等征询语，如“您介意我在这抽支烟吗？”“我打算这么安排，您看行吗？”像这样提问，会让对方有一种受到尊重的感觉，哪怕对方给了我们否定的回答，我们也还是会在对方心中留下一个有礼貌、有教养的好印象。

除了在提问中使用礼貌用语外，我们也不要忘记在提问结束后对对方说一句“谢谢”“多谢”“辛苦了”“费心了”之类的感谢语，特别是在对方抽出时间、花费精力为我们解答难题的时候，我们就更应当向对方表示感谢，而且在感谢时态度一定要诚恳，语气也要非常真挚，才能让对方获得愉悦感和满足感。有了这样良好的情感体验，对方就会更加愿意与我们进行沟通了。

语带歧义，会让提问对象受到误导

由于语言文字的意义不明确，同样的一句话，可能会产生两种或几种不同的解释。如果我们在提问时使用了这种可能会造成歧义的词语或句子，又没有进行特别的说明，就很容易让提问对象受到误导，并会产生一些不必要的误会。

《阿凡提的故事》中就有这样一段歧义引发的趣事：

智者阿凡提开了一间理发店，有一个贪心的财主经常来店里理发、修剪胡须，可他每次都找借口不给钱，这让阿凡提很是气愤。

这天，财主又来到了店里，阿凡提心想：我得想个好办法教训一下这个贪婪的家伙。于是，阿凡提手拿剃刀，问财主：“老爷，你要眉毛吗？”

财主没有弄明白阿凡提的意思，随口答道：“当然要了，这还用问吗？”

阿凡提“哈哈”一笑，举起剃刀把财主的眉毛刮了个干干净净，还把刮下的眉毛都放进财主手中，对他说：“你要就给你！”

财主气坏了，可谁让他自己说了“要眉毛”呢，他也不好发火，只能任由阿凡提继续为他理发。

阿凡提又一次提问道：“老爷，你要胡子吗？”

有了上次的教训后，财主十分后怕，赶紧摇头说：“不要，不要！”

谁知阿凡提挥舞着剃刀，三两下就把财主长长的胡须刮干净了，财主心疼不已。财主正要发怒，阿凡提却把双手一摊，委屈地说：“是你自己说不要胡子的啊！”财主哑口无言。

过了一会儿，阿凡提又指着财主的头发问道：“老爷，你要头发吗？”

财主一听，再也坐不住了，他一把推开阿凡提，慌慌张张地从理发店逃走了，从那以后，他再也不敢找阿凡提理发了。

在这个故事中，财主之所以会出现理解上的偏差，就是因为阿凡提在提问时使用了可能会引起歧义的字眼“要”。在当时的语境中，“要”字可以表示两种截然不同的意思——既可以理解为“要得到”，又可以理解为“要保留”，两种意思都能说得通，由此就会造成歧义，会让提问对象有无所适从的感觉。

这个故事也从侧面提醒了我们要重视语言的歧义问题，在组织语言进行提问时要多加小心，同时还要掌握一些说话的技巧，才能尽可能地避免歧义引发的误解。

歧义产生的原因有很多，像上面这个故事是因为词语的多义性产生了歧义。除此以外，在提问时使用同音的词语、指代不明的词语、组合层次不清的词语等，都有可能造成歧义。比如，“你期 zhong 考试的成绩如何？”这个问句就产生了同音歧义，会让对方感到困惑不解，因为他不知道是该回答自己的期中考试还是期终考试的成绩。再如，“学生家长都到齐了吗？”这个问句中的“学生家长”就有组合层次不清的问题，让人弄不清要问的是“学生和家长”，还是“学生的家长”。

了解了歧义的存在后，我们就要想办法避免和消除歧义。下面就介绍几种简单的消除歧义的方法：

1. 增设上下文消除歧义

如果一个问句不够具体、明确，就可能会引发歧义，我们可以尝试为其增设上下文，创设出具体的语言环境，这样就不会引起误解了。比如，“你去上课吗？”这个问句中的“上课”可以理解为作为学生去听课，也可以理解为作为老师去讲课，所以我们可以增设上下文，将问句改为“今天老师会点名，你去上课吗？”或“你去上课吗？同学们都等着你呢！”如此一来，问句的意思就变得清楚明白了。

2. 换用适当的词语可以消除歧义

有时歧义是因为用词不当造成的，特别是使用了多义词来提问，才会造成对方的误解，对于这种情况，我们需要把多义词替换为单一含义的词语以消除歧义。比如，“谁是误报火警的责任人？”这个问句中的“误报火警”可以有两种解释，一种是“没有发生火情却报了火警”；还有一种是“发生了火情却没有及时报警”。如果是第一种情况，我们可以将“误报火警”替换为“错报火警”；如果是第二种情况，我们可以将“误报火警”替换为“延报火警”，这样提问对象就知道该怎样回答问题了。

3. 增加词语消除歧义

为了让对方听明白我们的问题而不会产生误解，我们还可以在问句中有意识地增添适当的词语，以便消除歧义。比如，“你要炒豆角吗？”这句话中的“炒豆角”可以理解为一道菜肴的名字，也可以理解为“烹制豆角”的行动。为了便于对方理解，我们可以加入词语，将问句变为“你要吃炒豆角吗？”或“你要去炒豆角吗？”这样对方听到问题后就不会感到困惑了。

4. 调换语序消除歧义

在问句中，词语组合层次不同也会造成歧义，对于这种情况，我们可以通过调整语序来进行纠正。比如，“参会的有几个公司的负责人？”其中“几个公司的负责人”既可以理解为“几家公司分别派出了负责人”，又可以理解为“同一家公司派出了几位负责人”。想要消除歧义，我们可以采用调换语序的办法，将问句改为“参会的有公司的几个负责人？”还可以采用改换词语的办法，将问句中意义不清的“个”改为“家”，使问句变为“参会的有几家公司的负责人？”这样问句要表达的意思就清楚多了。

掌握了上述几种方法后，我们在平时提问的时候，还要学会灵活运用，并要多进行比较分析，多推敲语义，让自己说出的问句更加严密，就不会让提问对象受到误导了。

提问语言不可过于深奥、卖弄学识

有效的提问要让人一听就懂,并能够知道该如何回答。因此，我们在锤炼提问语言时要考虑到对方的知识水平和接受能力，要确保大多数人都能够听懂我们的问题。为此，我们就要避免使用过于深奥难懂的语言，更不能在提问时有意地卖弄学识、故弄玄虚，以致把简单的问题说得晦涩难懂，这会让对方有摸不着头脑的感觉，也会严重影响沟通的效果。

一家公司准备招聘一名行政主管，应届毕业生小胡参加了面试，他毕业于名校，学习成绩优异。主考官看了他的简历，又问了他几个问题，他都回答得头头是道，给主考官留下了不错的印象。

随后，主考官态度和蔼地问他：“你还有什么问题要问吗？”小胡心想，这可是个自我表现的好机会，千万不能浪费了，于是他用英语提问道：“How to evaluate the performance of this position？（这个职位的工作业绩如何评估？）”

小胡本以为自己可以通过提问展示优秀的口语能力，谁知主考官并不是英语专业，一时之间也没听懂小胡的问题，不知该如何回应。小胡却没有意识到这一点，又用英语提问了好几个问题。不仅如此，他为了卖弄自己的学识，还引用了几位哲学家的名言，又使用了一些生僻的专业词语，把问题问得又长又深奥。

小胡觉得主考官一定会对自己刮目相看，可是他问完了这一串问题后，等了半天，主考官也没有给出任何回应。现场的气氛变得非常尴尬，小胡这才意识到自己可能弄巧成拙了。他赶紧向主考官道歉，还用中文随便提了一个问题，可这已经无法挽救他给主考官留下的印象了。主考官态度冷淡地让他回家去等消息，在他离开前，主考官还出言讽刺道："你的英语能力这么好，知识面又这么丰富，到我们公司工作恐怕是大材小用了。"

小胡就这样失去了一次宝贵的机会，而这和他没有掌握好提问的语言艺术有很大的关系。他没有考虑到沟通对象的知识水平，在提问时使用了大量的外语词汇、专业术语、名人名言等，让人听起来十分晦涩，给人留下了咬文嚼字、卖弄学识的坏印象。

这个例子也提醒了我们，在提问时应当避免采用过于深奥难懂的语言，而是要采用直白、通俗、平易近人的语言，这样才能更容易与对方沟通感情、交流思想。为此，我们在提问时需要注意以下几点：

1. 提问时不要夹带太多专业术语

有些人为了显示自己的专业程度，喜欢在提问时使用过多的专业术语，希望能够借此彰显自己的能力，以获得他人的认可。

可是这种过度罗列术语的提问方式在对方看来不像是请教，而更像是一种炫耀行为，会引起对方的不快。如果对方对该专业领域的知识不熟悉的话，就更是听不懂这种深奥的问题，沟通也会陷入尴尬之中。

因此，我们完全没有必要用专业术语去展现自己的才华，而是应当尝试用通俗易懂的语言将深奥的问题描述得深入浅出、清楚明白，这反而能够证明我们对该领域的知识已经能够做到融会贯通、熟练运用。这会为我们赢得对方的好感，也能够降低对方理解上的难度，并能够大大提升沟通的效率。

2. 提问时不要故意夹杂外语

很多人在提问时喜欢夹带一些外语单词，在他们看来，这是一种“时髦”的表现，可是在主要使用中文沟通的环境中，如果刻意地使用这样的表达方式，就会让别人觉得听不懂，而且还会给人留下矫揉造作、卖弄英文的坏印象。

所以我们在中文环境下提问时，要注意不能故意夹带过多的外语单词，特别是在对方完全不懂外语的情况下，就更要减少说外语单词的频率。如果的确有必要引用外语词汇，也应当用中文再向对方解释一下，这样对方更好理解，也更好回答我们的问题。

3. 提问时不要使用过多修饰语言

为了使我们的问话听上去更有趣味、更富于变化，我们可以适当地使用一些修辞手法和富有表达力的成语、诗句、格言、谚语、歇后语等，但在使用中也要讲究通俗易懂，要让对方不必过多思考就能迅速弄明白我们要问的意思。

另外，我们使用修饰的语言时要注意不能过度，不能为了追求问话新奇有趣的效果而过分雕琢语句，以免给人留下“掉书袋”、卖弄学识的印象，这反而会影响我们与他人之间的顺利沟通。

提问不是审问，尽量避免生硬的语气

在提问时我们还要注意自己的语气，因为不同的语气会带给提问对象截然不同的感受。如果采用生硬的语气，就会让对方有被审问的感觉；若是采用责问的语气，更是会让对方有被冒犯的感觉，会影响沟通的顺利进行。因此，我们要尽量采用具有亲和力的语气来提问，这会拉近我们与提问对象之间的距离，也会让对方愿意敞开心扉接受我们的提问。

一名年轻的实习生小沈，在第一天入职时向老员工老周提了一些问题。他问老周：“你进公司几年了？”

老周觉得有些不舒服，但还是客气地回答道：“有六年了。”

小沈又问道：“那你实习的时候都做些什么工作？”

老周皱了皱眉头，敷衍地回答道：“跟你现在的工作一样。”

小沈却没有感觉到老周已经有些不高兴了，他继续追问道：“那你花了多长时间才转正的啊？”“你实习期的工资是多少？转正以后呢？”

老周已经很不耐烦了，可小沈仍然在喋喋不休地追问，老周终于忍耐不住了，把手头的一份文件重重地拍在桌子上，冷冷地说：“上班时间不要聊天！我还有好多任务要做呢！”

小沈没有想到老周会这么说，他觉得十分尴尬，悻悻地回到了自己的座位，心里却还在抱怨着：“这家公司的同事真难相处。”

同事不愿意回答小沈提出的问题，还对小沈十分反感，这到底是哪里出了错呢？当然不是因为同事不好相处，而是因为小沈不懂得提问的语言艺术，尤其是没有注意采用亲和的语气来提问。我们可以看到，小沈向同事提出了一连串的问题，每一个问题的语气都很唐突、生硬，让同事感觉自己正在接受“审问”，同事就会产生强烈的防卫心理，沟通的氛围也会被彻底破坏，这样的提问自然是非常失败的。

为了避免在提问时遭遇同样的窘境，我们就要格外注意语气问题，这样才能成为一个会提问的人，也才能够充分把握交流的主动权，促使沟通顺利进行。为此，我们需要注意做好以下几点：

1. 尽量使用“陈述语气 + 疑问语气”的提问模型

为了让对方感知我们和蔼的态度，并愿意回答我们的问题，我们应当学会使用比较委婉的语气来提问，而不能使用带有讽刺、责怪意味的语气来提问。比如，一位服装店的导购员遇到了一名喜欢“砍价”的顾客，在一番讨价还价后，双方还是没有达成共识。导购员失去了耐心，就这样提问道：“女士，您杀价这么狠，您觉得我们能接受吗？”顾客听到这句话后，认为导购员是在讽刺自己，自然会感到十分不满，开始和导购员争论起来，最后双方不欢而散，店铺失去了一桩生意，导购员也因此得罪了顾客，遭到了经理的处罚。

像这样糟糕的结果就是因为错用了语气而造成的，其实导购员完全可以用不太强硬的“陈述语气＋疑问语气”的形式来表达自己的意见。比如，可以对对方这样说：“女士，您给出的价格远远低于我们的进货价，我实在是很为难啊，您看还有商量的余地吗？”这个问句的前半部分是陈述语气，后半部分是疑问语气，像这样去提问，话语的攻击性就会减少很多，谈话的气氛也会缓和不少，顾客也有可能理解导购员的难处，就不会再步步紧逼了。

我们在沟通中的很多发问都可以转化为这种提问类型。比如，“你就不能拿出一套切实可行的计划吗？”这个问句的语气听上去很不客气、带有压制性，会让对方感到十分不快。所以，我们不妨将它转化为“请你拿出一套切实可行的计划，好吗？”语气顿时弱化了不少，对方接受起来也不会感觉非常困难。

2. 不要让对方有被指责的感觉

没有人会喜欢被人指责的感觉，所以我们在提问时，要尽量避免使用带有批判、贬低意味的语气，以免让对方产生不舒服的感觉。比如，一位管理者想要询问一名下属的工作进度，就使用了这样的问句：“那个报告你还没做完吗？”或许管理者只是随口一问，并未多想，可是下属会感觉管理者是在指责自己效率太低、进度太慢。这就是因为采用了批评式的提问语气，才会产生不良的效果。我们可以想象一下，假如管理者把问句换成“报告做完了吗？”语气就会轻松许多，下属在回应时也就不会有太大的心理压力了。

在生活中，类似这种在不经意中指责、贬低对方的提问比比皆是。比如，“你成绩这么差的原因是什么？”“家里这么乱，你就不能收拾一下吗？”“你怎么能把事情搞成这样？”这些问题听上去咄咄逼人、语气十分生硬，不但无法引发对方回答的兴趣，还有可能惹恼对方、酿成矛盾。

曾经有一位记者在采访一名运动员时，就提出了一个很不合适的问题：“听说你从事运动已经十多年了，也参加了不少世界性的运动会，可是却没有拿到一块金牌，你是否会觉得自己愧对祖国的培养和人民的期望？”这样带有明显贬低性的问题只会引起对方羞愧、愤怒的情绪，而在这些负面情绪的影响下，沟通必然会陷入僵局。

所以，我们在开口提问前一定要揣摩一下各种语气会带给对方什么样的感受，这样才能避免问出这种指责性质的问题。

3. 尽量用“我”来代替“你”

在提问时，我们还可以尝试从“我”的角度提问，这样语气会和缓一些，也更容易让对方接受。比如，想要知道对方的姓名时，如果直来直去地问“你的名字是什么？”，听上去就有审问的意味，可若是换成“我能冒昧地问一下您的名字吗？”语气就会显得温和、礼貌许多，也不会引起对方的反感。

再如，问句“你有哪些地方没有听清楚？”可以转换为“我有哪些地方没有讲清楚？”还有问句“你需要什么帮助？”可以转换为“我能为您提供什么帮助？”这些问句表达的虽然是同样的意思，可从“我”的角度去提问，就会让对方感觉更有亲和力，有助于攻破对方的心理防线，便于进行无障碍的沟通。

4. 在提问中使用肯定、同情、体谅的语气

想要成为受人欢迎的提问者，我们就要学会使用富有感情色彩的问句，这会让问题深入对方的心灵，并可以获得对方的热烈回应。那么，如何让问句听上去更有“感情”呢？这同样可以从语气出发去进行调整。比如，一位丈夫因为工作原因晚上回家很晚，妻子劈头盖脸地问道：“怎么这么晚回来？到底干什么去了？”丈夫就会有一种被质问的感觉，会认为妻子对自己不够体谅。可若是妻子注意改善自己的语气，对丈夫这样问道：“亲爱的，怎么这么晚才回来啊？一定饿坏了吧？我给你下碗面吃，好吗？”相信丈夫听到这样的问话，一定会觉得心里暖融融的，因为他能够从语气中感觉到妻子对自己的体谅和关怀。

再如，一位员工想要向一位同事请教如何开展项目预算的工作，他也使用了有“感情”的问句，向同事这样提问道：“我听说您过去负责过 ×× 项目的预算工作，那可是一个难度颇高的任务，可您却出色地完成了，您一定付出了很多心血吧？”在这个问句中，员工先是用肯定的语气赞扬了对方的出色表现，之后又用同情的语气点出自己非常理解对方的辛苦和不易，这必然会让对方感到非常愉悦，也能够激发对方回答问题的兴致。

总之，在提问时应当采用何种语气，我们应当谨慎考虑，才能够让对方听得进去，并愿意回答我们的问题。

幽默的语言会让对方回答起来更轻松

我们可能都有这样的体会：同样的一个问题，如果用过于直白、生硬的语言去提问，可能会让对方感觉有些突兀，对方在回答时就会缺少热情，有时甚至还会觉得很不情愿。可若是使用幽默的语言去提问，对方就会觉得非常顺耳，在回答时也会更加轻松。

幽默的提问还能让对方感到非常快乐，而快乐更是沟通中的超强“润滑剂”，它能够推动谈话的顺利进行，并可以用最为轻松的形式化解矛盾和尴尬。

陈春和冯玉华是一对好朋友。一天，两人一起到餐厅吃饭，当时正是中午就餐的高峰期，每个服务员都忙得不可开交。陈春和冯玉华在餐桌前等了十多分钟，都没有一个服务员主动上前提供服务。

陈春是个“急性子”，他不耐烦地喊了几声：“服务员！服务员！”可还是没有一个服务员走过来。陈春十分生气，他一拍餐桌站了起来，指着离自己最近的服务员，大声质问道：“有你们这么服务客人的吗？”服务员吓了一跳，不知该怎么回应，邻近几桌的客人也都用异样的目光看着陈春，这让陈春感觉很是尴尬。

正在这时，冯玉华也站起身来，微笑着对那位服务员说：“很抱歉，我的朋友有点激动。不过我们确实已经等了很长时间了，我想问一下，我们坐的是不是‘观众席’，只能看着别人大快朵颐，自己垂涎三尺？”

听完冯玉华幽默的问话后，服务员忍不住笑了，之后连忙道歉：“太不好意思了，确实是我们服务不周，我马上把菜单给您拿过来。”

陈春的提问就犯了过于直白的错误，语气也很不客气，不仅让服务员感觉很不舒服，还给周围的客人留下了不好的印象。幸好冯玉华及时为他“打了圆场”，用幽默含蓄的语言巧妙地提问，才消除了尴尬。在问话中，冯玉华先是用“观众席”的生动说法点出了服务员的失职，又用“大快朵颐”和“垂涎三尺”这两个成语制造出一种鲜明的对比效果，增加了幽默的意味，使服务员在轻松的交流氛围中认识到了自己的错误。

像这样用幽默的语言去提问，不但更容易达到自己的目的，还能够显示出自己的智慧和风趣，是一种非常有效的提问方法。我们在实际谈话中可以适时地采用这种方法，在时机、场合合适的时候，向对方提出几个幽默的问题，沟通就会变得更加顺畅。

当然，使用幽默的语言需要掌握一定的方法，才能让提问产生理想的效果。比如，在上面的案例中，提问者在提意见时就使用了“对比”的方法来产生幽默感，像这样的方法还有很多，最常用的有以下几种：

1. 夸张法

夸张法是最常用的幽默手法，在提问时，我们可以运用自己丰富的想象力，把话说得非常夸张，从而产生幽默的效果。比如，一位高楼住户想要提醒自己大嗓门的邻居小声说话，就这样提问道：“您的声音太有穿透力了，就连小区外面都能听得清清楚楚。麻烦您可怜一下我 24 小时没有休息的耳朵，稍微降低点音量，可以吗？”这句幽默的问话就采用了夸张的手法，故意夸大了对方声音的穿透力以及自己感受到的痛苦，让对方在意识到自己的错误时又不会觉得难以接受。

2. 双关法

双关法就是在提问的时候，利用词语的多义性和同音性，使问话既带有字面的意思，又能显露出含蓄的字外意义，从而能够产生一种“言在此意在彼”的幽默意味。鲁迅先生就很擅长使用这种方法。有一次，鲁迅先生的侄子指着他的鼻子说：“您的鼻子又扁又平，我爸爸的鼻子却又高又直。”鲁迅先生就用幽默的语气反问道：“我的鼻子本来也是又高又直的，可惜四周黑洞洞的，我总是碰壁，能不被碰扁吗？”在这句问话中，“碰壁”就是一语双关，表面上指的是鼻子撞到墙壁上，可实际上是在自嘲生活坎坷，四处碰壁。简单的问句却产生了令人回味无穷的效果，也让人不得不佩服鲁迅先生的幽默智慧。

3. 比喻法

比喻法就是根据两类不同事物之间的相似点，用一种事物来描摹另一种事物，从而让平淡的问句变得形象生动、风趣幽默。作家钱钟书先生就采用过这种比喻提问法来拒绝一位过度热情的书迷，当时那位书迷一再要求和钱钟书见面，钱钟书便亲自打电话给她。在电话中，他这样提问道："假如你吃了一个鸡蛋，觉得不错，何必认识那只下蛋的母鸡呢？"在这句问话中，钱钟书把自己比作"下蛋的母鸡"，而作品则被比喻为"鸡蛋"，问话生动有趣，幽默感十足。

4. 曲解法

曲解法就是在提问时对某些词语的意思进行故意的歪曲，以便产生诙谐幽默的语言效果。歌剧《刘三姐》中就有这样一段有趣的对白：

陶秀才：刘三姐，谁跟你讲天讲地的？我们要讲眼前。

刘三姐：讲眼前——眼前眉毛几多根？问你脸皮有多厚？问你鼻梁有几斤？

刘三姐在反问陶秀才的时候，就故意曲解了"眼前"这个词的意思：陶秀才所说的"眼前"指的是"当时当地"，而刘三姐所说的"眼前"却是"眼睛前面"，由此就产生了一种强烈的幽默讽刺的效果。

5. 对比法

在提问时将看似风马牛不相及的事物或概念放在一起作对比，可以产生强烈的不协调感，这种明显的不协调感也能成功地制造出幽默的效果。一位其貌不扬的销售员在与客户沟通时，发现对方对谈话缺乏兴趣，便提了这样一个幽默的问题："您和我对话，是不是觉得一分钟像一小时那么漫长？若是公司能换一位漂亮的女销售员来与您对话，您肯定不会这么难熬了，说不定会觉得一小时就像一分钟那么短暂。"在这里，销售员就用了对比的方法，用自己的其貌不扬与女销售员的美貌相对比，用一小时和一分钟的时长相对比，产生了非常诙谐的效果，也让对方忍俊不禁，谈话的兴趣也变得更加浓厚了。

6. 反语法

反语法包括“正话反说”“反话正说”，就是用与词语本义完全相反的话语来表达本义，由此可以产生一种耐人寻味的幽默感。一位戒烟宣传员在劝说他人戒烟时就这样提问道：“您知道吸烟有哪些好处吗？第一，可以省钱。因为吸烟的人易患肺病，平时弯腰驼背、身体萎缩，买衣服都可以选小一号。第二，可以防贼。吸烟的人易患气管炎，整夜咳嗽不停，窃贼听见声音都不敢进门。第三，可以防蚊。吸烟时烟雾缭绕，蚊子都受不了，只能躲着飞……您说抽烟是不是好处多多？”这段问话就采用了说反语的办法，表面上肯定，可实际上却是完全的否定，而且非常幽默，可以让人们在发笑的同时意识到吸烟没有任何好处。

除了上述几种方法外，幽默的提问方法还有很多，想要做到自如地运用，就需要我们多多练习，才能达到“熟能生巧”的境界；另外，我们平时可以多收集一些幽默的素材，并要注意培养自己敏锐的洞察力和丰富的想象力；同时，我们还应具备乐观轻松的心态、良好的文化素养和语言表达能力，才能自然而然地在沟通中挥洒幽默，给他人留下一个亲切随和的印象。

需要提醒的是，幽默提问是不能滥用的。有人把幽默比作盐，加一点可以使菜味鲜美，但若是加得太多则会让人难以下咽。幽默也具有同样的特点，如果不分时间、场合、对象，滥用幽默语言提问，或是过于频繁地幽默发问，都会产生反效果。所以，我们应当把握好尺度，才能让幽默的语言为我们的提问增添光彩。

提问时要注意自己的肢体语言

肢体语言，就是我们在说话的同时借助头部、四肢、躯干等人体部位的活动来表情达意的沟通方式。根据美国传播学家艾伯特·梅拉比安的一项研究显示，当我们向他人传递信息的时候，依靠口头语言只能够传递 7% 的信息，剩下的绝大部分信息都要通过肢体语言和声音来传递，其中肢体语言可以完成 55% 的信息传递工作。由此可见，肢体语言在沟通时的作用非常重要，所以我们在提问的时候不但要精心设计好口头语言，还要合理地运用肢体语言来提升自己的提问能力。

一家电视台准备制作一档纪录片，节目组来到了风景秀丽的山区取景。在这里，他们见到了一位年近百岁的老太太，便决定对老人家进行采访。节目组的女记者姗姗走上前去，很有礼貌地问道："老奶奶，请问您今年高寿啊？"陡然见到这么多外乡人，老太太有些紧张，嘴唇哆哆嗦嗦的，好半天都说不出一句话来。

姗姗为了消除老人的不安情绪，便亲切地拉起了老人的手，想要把温暖传递给老人。因为老人个子较矮，姗姗还特意弯下了腰，身体微微前倾，好让自己在说话时不会有居高临下的感觉。

接着，姗姗带着动人的微笑，将问题又重复了一遍，因为担心老人听不懂“高寿”二字，她还特意用了更好理解的说法：“奶奶，您今年多大岁数啦？”

姗姗和蔼可亲的样子打动了老人，她也笑了起来，还张开没牙的嘴回答道：“我今年98岁啦！”

记者在向老人提问时，不但注意做好了口头语言的交流（语言简单易懂，符合对象特征），还很重视肢体语言的交流（亲切握手、放低姿态）。通过这些看似简单却用心良苦的肢体语言，记者传递出了内心真诚和友善的情感，从而拉近了自己与对方之间的距离，并深深地打动了对方的心。

我们在向他人提问的时候，也可以学习这位记者的做法，尝试用肢体语言来增加感染力、融洽情感，问答的效果就会更加理想。为此，我们可以从以下几个方面来锻炼自己的肢体语言运用能力：

1. 握手

见面问好的时候，我们要注意握手的细节，这是肢体语言中很重要的组成部分。通过手与手之间的触碰，我们可以向对方传递友好的信号，也可以让对方减少一些戒备心理，在这种情况下，我们向对方提出一些问题，对方一般都会乐意作答。

在握手时，我们应当伸出自己的右手，这是一个约定俗成的习惯，有时为了表示热情，也可以伸出双手与对方相握。与此同时，我们应当用双眼注视着对方的面部，同时面带笑容，使对方有一种如沐春风的感觉。另外，在握手时我们还应礼貌地摘掉手套，如果佩戴了礼帽的话要先摘掉礼帽再握手，这样会让对方有一种受到重视的感觉。此外，握手时还要讲究力度，不可过于用力，以免让对方感觉疼痛难受；但也不能过于轻飘无力，否则会让对方感觉不到我们的诚意。所以，握手时要注意力度适当，而且不能长时间握住对方的手不放，一般握手 2~5 秒后就可以自然地松开对方的手了。

2. 手势

手势在肢体语言中也占有非常重要的地位，我们在提问时，可以用不同的手势输出不同的信息，还可以丰富问题的内涵，让对方能够明白我们的“未尽之意”。不过，我们在使用各种手势时要注意幅度不可过大，次数不宜过多，也不宜多次重复；而且使用手势时要尽量柔和一些，不宜动作粗鲁、生硬。

另外，我们还要掌握一些常用手势的内在含义，以免错用手势让对方觉得反感。比如，在提问的时候手掌向上，就可以表示请示、求教的态度；可若是手掌向下提问，则带有逼问、责问的意思。这两种手势表达的态度截然不同，如果错用就会产生不良的后果。所以，我们平时要多多体会各种手势的使用效果，并可以多参考一些访谈节目的资料，多观察记者或主持人在发问时使用手势的情况，然后从中汲取一些有益的经验，用以提升我们手势的运用水平。

3. 触摸

触摸是一种常用的肢体语言，适用于关系比较亲密的提问对象。我们可以在向其提问的同时对其进行自然而亲切的触摸，如对平辈可以轻拍其肩部，对晚辈可以轻抚其头部，这可以让对方彻底放下心防，并有可能对我们敞开心扉，愿意回答我们提出的一些比较私密的问题。

另外，如果对方在沟通时注意力不集中，没有仔细聆听我们的提问，我们也可以礼貌地快速触摸一下对方的手背、手臂、肩头等部位，以提醒对方不可走神。不过这样的触摸一定要注意力度，不能用力过度，否则会让对方感觉受到了“击打”，就会引起对方的不快，也会影响问答的效果。

4. 动作

在提问的同时，我们还可以适时地配合一些动作，以加强口头语言的表达效果。比如，我们所提的问题中含有对对方的赞美、欣赏之意，我们就可以用微微点头的动作来加强这种赞同的态度，这会让对方感到非常愉悦。再如，我们向长辈、上级提问时，还可以做微微弯腰的动作，以表示尊重的态度和谦虚的精神，这也会让对方有一种受到重视的感觉。

需要注意的是，我们在提问的时候要避免东张西望、摇头晃脑、抖动腿脚，否则会让对方认为我们态度傲慢、不够庄重，这对于顺畅的问答沟通会产生很多不利影响。所以，我们要有意识地提醒自己不要做出这类影响形象的小动作。

除了上述几点外，在提问时我们还要注意自己的姿势，应尽量保持自然的、庄重的坐姿、站姿，身体不宜过于拘谨，但也不要东倒西歪、大大咧咧，以免给对方留下不好的印象。如果我们想要向对方提一些非常重要的问题，就可以略微提高音量，同时很自然地从坐姿变为站姿，以引起对方的注意。此外，提问时采用的姿势还应当符合提问对象的特点，比如，提问对象是我们的上司、前辈或是一些年长的人，我们就应当采用微微弯腰、头部略下垂、背部略弓起的站姿或坐姿，以表示对对方的尊重之情；如果提问对象是我们的平辈、同事、下级，则可以采取自然的站姿或坐姿，身体要挺直，同时抬头挺胸，显得很有朝气的样子。

需要提醒的是，我们千万不能因为情绪过于激动而做出一些带有侵犯性的姿势，比如，不能一只手叉腰、另一只手指着对方去提问，这就像是发出了带有攻击性的“信号”，会让对方十分不快，所以一定要注意避免。

第五章

运用提问技巧，达成沟通目的

提问时带上名字，破除沟通障碍

名字是专属于个人的称号和标志，在自己的名字被他人带着敬意和情感提起的时候，总能让人心中平添几分愉悦和满足的感觉。因此，我们在提问时一定不能忽略名字这个小细节，可以通过叫出对方的名字来加深对方的印象，拉近与对方的距离，从而达到破除沟通障碍的目的。

美国有一名志向远大的年轻人，他出身于贫苦的家庭，父亲很早就去世了，母亲又体弱多病，为了养家糊口，年轻人不得不辍学到工厂打工。尽管生活异常艰辛，他却始终保持着乐观、积极的人生态度，总是亲切和蔼地对待身边所有的人，还记住了每一个人的名字，从来都不会叫错。当他需要请求别人帮助时，总是会微笑着问："朱迪，你能帮我核对一下这个月的账目吗？""强尼，你能和我一起去镇上进货吗？"他的提问也总是能够得到对方积极的回应，这让他能够顺利地完成很多工作任务，还建立了不错的人缘。

后来，年轻人利用业余时间自学了大学课程，获得了几个学位。于是他离开了工厂，尝试进入政坛发展。从此以后，他要与更多的人打交道，而他所做的第一件事就是问清对方的名字并认真地记在心里，这样他以后每提一个问题，都可以自然地带上对方的名字，让对方感到非常惊喜。

有一次，一名记者在采访中好奇地问他：“我听说您能够准确地叫出一万人的名字，这是真的吗？”他笑着说：“不，我至少记得5万人的名字。而且不管过去多少年，当我再见到他们的时候，我还是能够一字不差地叫出他们的名字。就连您的名字也已经深深地印在了我的心里，亲爱的约瑟夫·史密斯先生，您愿意为我投下一张选票吗？”

记者听到自己的名字被清晰地叫出之后，感到非常高兴，也笑着回答道：“想不到您只是看了一眼我的名片，就记住了我的名字，您让我有一种被重视的感觉，我也知道为什么选民们会那么喜欢你了，我一定会投您一票的！”

著名的美国人际关系学大师戴尔·卡耐基说：“一个人的姓名是他自己最熟悉、最甜美、最妙不可言的声音，这就是记住对方名字的重要性。在交际中最明显、最简单、最重要、最能得到好感的方法，就是记住对方的名字。”的确，在人们的心目中，自己的名字是最不能忽视的信息。因此，如果我们在提问的时候能像案例中的那位年轻人一样准确地叫出对方的名字，这种提问技巧虽然十分简单，却常常能够发挥出令人惊喜的作用。

遗憾的是，在现实生活中，有很多人却忽略了这个小技巧，他们在提问的时候，常常会用“喂”“你”“那个谁”来称呼对方并发问，这样做虽然方便了自己，却会让对方感觉很不舒服，而且常常会引发尴尬的场面。

在一家公司的办公室里，员工们正在忙碌地工作着，部门经理突然打开了门，指着离自己最近的一位员工，问道："那个谁，你现在有空吗？"

员工站了起来，指了指自己，说："经理，我叫李涵。"部门经理挠了挠头道："小李，你能把这份报表送到总经理那儿去吗？"李涵点了点头，很快就把报表送了过去。

几个小时后，部门经理又一次打开了门，再次指着李涵道："喂，你能来我办公室一趟吗？"李涵有点不高兴了，用生硬的语气说道："我叫李涵！"部门经理摇摇头道："唉，我忘了，真不好意思，小李，你来一趟吧，我有事情要你帮忙。"

大家都以为部门经理这次肯定能记住李涵的名字了，可没想到，第二天同样的事情又发生了。当部门经理再一次用"那个谁"向李涵提问的时候，李涵再也控制不住自己的情绪了。他气愤地打断了部门经理的问话，大声说道："麻烦您记住我的名字，请您叫我李涵或小李，别再叫我'那个谁'！"

在这个案例中，管理者因为记不住员工的名字，让员工感到十分失望。这样的管理者也称不上是合格的领导，无法赢得下属的好感，也得不到下属的真心拥护。

这个案例也进一步证明了名字的重要性，想要让提问得到他人积极的回应，想要通过提问获知更多的信息，想要用提问获得他人的帮助，就应当在别人的名字上多用些心思。为此，我们可以在初次谋面时就以谦虚的态度问清楚对方的名字，再牢牢地记在心里。

如果觉得自己记忆力不佳的话，可以口头上多重复几次，再尝试在纸上书写的办法，以帮助加强记忆。此外，我们也可以按照对方所属的单位、团体来进行名字的分类，如在记事簿上记下“××公司的章磊”“××大学的刘宏宇”等，这样通过分类再加上清楚的书写，我们的记忆就会变得更加清晰，在提问的时候也就能够让对方的名字脱口而出了。

需要提醒的是，如果想要提问年长的、辈分高的、职位高的对象，直呼其名会显得不够礼貌，所以我们可以采用“姓氏+职务、学位、头衔”的组合来称呼这类对象，如称呼对方“刘经理”“陈博士”“朱教授”等；假如初次见面不太了解对方的职务等信息，那也可以在提问时统称为“×先生”“×女士”等；假如对方年事已高，我们还可以用正式的敬称来称呼对方“何老”“齐公”等；若是已经与对方非常熟悉，则可以改用更加亲切的称呼“宋妈妈”“张叔叔”等。这些称呼不但能够体现出我们已经记住了对方的名字，还能够进一步表达我们的尊敬之情，会让对方感到非常愉悦。在此基础上提问，自然更容易达到我们的目的。

用有针对性的问题引导对方自我说服

在沟通中，如果遇到了难以说服的对象，我们就可以通过技巧性的提问一点点攻破对方的防备，使对方不由自主地说出更多的信息。这样我们就可以进行更有针对性的提问，从而转变对方的思维，促使对方进行自我说服。

在下面的案例中，一位家长就利用一连串问题引导并说服了自己的孩子，使她不再害怕学习数学。

齐先生的女儿小冬刚上小学五年级，平时学习非常用功，成绩在班上名列前茅。可是最近一段时间，齐先生发现女儿的数学成绩不断下滑，在数学期中考试时只考了70多分。齐先生的妻子苦口婆心地教育女儿要好好学习数学，可是效果却很不理想，女儿越发不喜欢上数学课、做数学作业了。

这天，齐先生专门抽出时间来教育女儿，他问女儿："你在学习数学上有什么困难吗？"女儿想了想说："我不喜欢新来的数学老师。"

齐先生摸了摸女儿的头，态度和蔼地说："宝贝，你能给我讲讲到底发生了什么事情吗？"

女儿皱着眉头说："有一次，老师提问了我一个问题，我答错了，老师当着全班同学的面批评了我。"

齐先生不动声色地问："那其他同学答错的时候，老师也会批评他们吗？"

女儿点点头道："也批评他们了。"

齐先生继续引导："老师批评你们的原因是什么？"

女儿有点不好意思了，说："是因为我们没有认真预习功课……"

齐先生微笑道：“那下次上数学课的时候，你会怎么做呢？”

女儿若有所思，过了一会儿才说道：“我会认真做作业，然后好好预习新课的知识。”

齐先生用鼓励的语气说：“那上课的时候你会怎么做呢？”

女儿不假思索地说：“我会认真听讲。等老师提问的时候，要是我会答，我就主动举手……”

齐先生更高兴了：“我想，要是你能准确地回答问题，老师一定会表扬你的，你说对吗？”

女儿连连点头，高兴地答道：“对！”

在这段对话中，我们会发现这位家长没有直接说服女儿应该好好预习、认真听讲，而是采用了一连串具有引导性质的提问帮助女儿主动思考、直面问题，并促使她说服自己努力学习数学。

这个案例体现出了引导提问的优点，这种提问技巧能够建立一种平等交流的氛围，使提问对象感到自己受到了应有的尊重，因而可以鼓励他们自由地发表自己的看法。与此同时，我们也可以从他们的观点入手，引导他们转换角度看待问题，并帮助他们突破思维的盲区，使他们能够进行深度思考，这样他们就更容易自己找到解决问题的答案了。

引导式的提问还可以帮助我们破解沟通中出现的僵局，有经验的提问者常常能够用引导的方法促使对方的态度软化，因而能够达到沟通说服的目的。

一天，一位网店店主接待了一名怒气冲冲的顾客，顾客不停地指责店主工作不负责，给自己发错了货，耽误了自己的大事。

店主连忙查看店铺出库单，发现确实是因为发货人员疏忽大意，才错配了货物，于是店主立刻向顾客道歉，并表示会重新发货，还主动提出要给顾客一些补偿，稍后会直接打到顾客的账户上。谁知顾客在盛怒之中根本就听不进店主的建议，还觉得店主是想推脱责任。

店主好话说尽，也没有让顾客消气。无奈之下，他只好询问了顾客这样一个问题："您以前在工作中出过错吗？"

顾客不明白店主提问的目的，随口回答了一句："出过，谁能保证自己不出错啊？"

店主顺势提问道："对啊，谁都有出错的时候。那您出错的时候，您的上级一般会怎么处理呢？"

顾客想了想说："还能怎么处理？肯定是先批评教育一番，然后告诉我马上改正错误，下次不能再犯。"

店主继续提问："这就对了，有错就得改，不过您至少得给我们一个改正的机会啊，要不我们该怎么弥补您的损失呢？"

顾客听到这里，终于明白了店主的用意，她反思了一番自己之前的做法，发现自己确实没有给店主留下改正的机会，所以她停止了没有意义的指责，开始理智地和店主商量起了解决方案。

在沟通陷入僵局的时候，店主说了很多好话，还试图和顾客讲道理，但都没能奏效。于是他放弃了这些沟通方法，转而使用引导式的提问，让对方自己反思问题，并最终完成了自我说服，这样的说服显然要比大费周章的直接劝说要有效得多。

在实际操作时，引导提问可以按照下面的方法去进行：

1. 提出启发性问题并用心倾听

我们应当向对方提出一些具有启发性和引导性的问题，这种问题既能够引发对方的兴趣，又能给对方深入思考留下一定的余地，对方在寻找答案的同时也会自发地进行自我反思。而我们则要在对方回答问题时用心地去倾听，这样可以真正了解对方的想法，也能够感受到对方的情绪，之后就能提出更多启发性的问题了。

一家电子设备厂生产部门的负责人就这样对一位下属提问道：“假如换一换切割机的位置，再在电动卷绕站的数量上做做变化，是不是能够提升生产效率呢？”下属没有马上给出回答，而是提出要回车间实际测算一下。

过了几天，下属回来向负责人汇报道：“我们找到了一个办法：把切割机从A位置调整到B位置，再增加两个电动绕线站，然后整理组装线路，生产效率可比过去提高5%以上。”

这位负责人听得非常用心，之后他大大夸奖了下属一番，下属也高高兴兴地回去实施改动方案了。可下属并不知道，负责人早就想到了同样的方案，只不过他知道那些改动比较费时费力，若是直接下达命令让下属和员工去完成，他们的积极性可能不会太高。所以，他才会提出这样一个具有启发性的问题，引导下属自己去琢磨。当下属想到了办法后，负责人的目的达成了，下属也获得了主动思考带来的乐趣，工作积极性更会进一步高涨。

2. 捕捉对方的言外之意，顺势再问

对于对方给出的答案，我们不必局限于其表面含义，而应尽量捕捉对方的言外之意，然后根据这些信息进行进一步的提问，顺势挖掘出更多有趣的东西。往往在这个时候，我们会发现事先准备的一些问题可能已经不适用于沟通了，那我们也可以随机应变、顺势而为，即兴问出一些更有效的问题来，这样对方能够思考更多，我们也可以顺着问题的脉络更好地把握沟通的主动权。

一些优秀的记者、主持人在进行采访、访谈的时候就常常会采取这样的提问方法，他们会在沟通前准备好问题列表，并会按照逻辑顺序进行提问。但如果某一个问题激发了对方的灵感，碰撞出了思维的“火花”，他们也会顺势而为去提问，这样产生的效果会比按照脚本规规矩矩地沟通更好。

3. 用提问来引导，但不要给出建议

成功的引导提问是不能直接给对方提供建议的，而是应当通过持续发问引导对方发现自己在思考上存在的片面的、不完备的地方，通常在这种时候，对方就能够自己找到答案，而且还会有一种豁然开朗的感觉。

需要指出的是，在整个引导提问的过程中，我们都不应当直接流露自己的态度。也就是说，不管对方的回答是否符合我们的价值观，我们都不应当马上做出评判，说对方“说得对”或“说

得不对”,这会影响对方的自主思考,“引导”也就会变成“诱导”,而通过诱导来限制对方的思路、操控对方的回答,所得到的最终答案是不能反映对方内心真实想法的。对方即使当时受到了诱导做出了选择,在事后也难免会有一种“上当受骗”的感觉。

所以,我们一定要避免诱导对方的思维,而应坚持用良性的引导式提问去激发对方主动思考,使对方依从自己的心意找到答案或做出选择。对于这样的结果,对方也会欣然接受,并会由衷地感谢我们的好意。

突然提问,让对方在仓促间吐露真相

突如其来地提出让对方始料未及的问题是一个非常有效的提问技巧,能够让对方在毫无思想准备的情况下变得措手不及,并有可能吐露出隐藏在心中的秘密,而我们就可以借此了解更多对方想要掩盖的真相了。

这种突然提问技巧常用于审讯、采访等场合,当提问对象表现出较强的戒备心理时,有经验的审讯员或记者就会先从询问“安全问题”开始,让对方慢慢地放松下来,等到对方能够正常答话时,再突然问出关键性的问题,这时对方在仓促中来不及思考,就只能选择吐露实情。

一位审讯员正在审问一名受贿渎职案件的嫌疑人,在审问过程中，审讯员发现这名嫌疑人警惕性很高，只要问话中涉及与受贿有关的信息，都会引起他的高度警觉，所以想要从正面提问，使此人坦白犯罪事实是很困难的。审讯员经过思索之后，决定采用突然提问的办法让嫌疑人交代真相。

于是，审讯员先与嫌疑人闲聊了几句，问了他几个无关痛痒的问题，其中没有一个问题与本案有直接的关系，这也让嫌疑人绷紧的神经逐渐放松了下来。

之后，审讯员小心地将自己的意图掩藏在一个个问题之中，先是用轻松的语气问道："你平时在哪里居住？"嫌疑人随口回答了当地一个高档小区的名字。

审讯员听后，马上用惊讶的语气问道："那里的房价可不低啊，你买房的时候花了不少钱吧？"

嫌疑人回忆了一下，回答道："前年买的，好像花了 300 多万元。"

审讯员微微一笑，继续提问道："你们全家一年的经济收入大概是多少？"

嫌疑人并没有发现自己已经"入套"了，他漫不经心地说："这个问题我在之前的审讯中已经回答过很多遍了，我家的年收入大概在 11~13 万元之间。"

审讯员知道时机已到，立刻一拍桌子，突然提问道："你买房的钱是从哪儿来的？"

嫌疑人吓了一跳，慌乱不已，一时间想不到合理的解释，只能硬着头皮说："是我向别人借的。"

审讯员用严厉的语气问道："谁会借给你这么多钱，你又靠什么办法去还？"

嫌疑人的心理防线已经完全崩溃了，他吞吞吐吐地说："……不是借的……"

审讯员马上追问道："那就是别人给的了？对不对？"

嫌疑人已经无法抵赖了，只好难堪地低下了头，嘴里小声回答："对……"

见嫌疑人已经放弃了抵抗，审讯员便顺势劝说他交代自己受贿的事实。嫌疑人也知道大势已去，只得原原本本地交代了自己受贿、渎职的全部细节。

从这个案例中，我们可以发现，突然提问能够获得成功的关键就是要做好足够的铺垫工作，这样才能使对方的心理防备逐渐瓦解，然后我们选择在其最放松的时候发问，就能产生"立竿见影"的效果。

在具体操作时，我们可以按照如下的"程序"对对方提问：

1. 从"安全问题"入手提问

为了让对方产生安全感，我们应当暂时回避真正想要提问的问题，同时可以多问一些"安全问题"，使对方对我们产生信任感。比如，发现对方有故意沉默或胡搅蛮缠的情况，我们就可以先抛出一个与提问主题无关但对方却很感兴趣的问题，一般这样的问题对方都是乐意回答的。比如，对方有集邮的爱好，我们就可以由此入手向对方提问，对方常常会滔滔不绝地讲述起来，内心的警惕感也会逐渐减轻。

2. 选准时机，突然提出关键性问题

在对方回答安全问题的时候,我们可以给予一些积极的回应，并要注意观察对方的情绪变化。比如，对方表现得非常放松，或是因为谈论到自己的得意之处而表现得扬扬自得，这时候对方的警惕性是最低的，我们就可以抓住这个时机“攻其不备”——突然问出我们真正想问的关键性问题，此时对方往往会大惊失色，并会不由自主地说出一些之前想要隐瞒的东西。

3. 持续发问，以获取更多真相

在关键性问题得到了对方的答复之后，我们还不能放松“攻势”。我们应当把握住当前的有利局面，继续向对方发起“攻势”，以便获取更多的真相。需要注意的是，这种提问的问句应尽量简短，而对方的答案也可以控制在短短的几个字内，同时在对方回答完一个问题后，我们应当立刻提出下一个问题。这样做的好处是不会留给对方太多思考时间，使得对方完全没有机会去组织谎言，只能在下意识的指引下说出我们需要的答案。

当然，这种突然提问的技巧只适用于那些明显不想配合提问的对象以及故意隐瞒真相的对象。在日常生活、工作中，如非必要，我们一般不能采用这样的提问技巧，否则会让对方感觉很不礼貌，也会影响我们人际关系的和谐。所以，我们在使用前要注意斟酌，避免因为过于突然的提问而引发他人的不快。

把答案藏在问题里，暗示对方做出回答

在沟通中，我们可以细心地揣摩对方的主观意愿是否强烈。如果发现对方有些犹豫不决，或是对方还没有形成成熟的想法，我们都可以尝试一种特别的提问技巧来巧妙地暗示对方说出我们预设的答案。

这种技巧其实是非常简单的，在具体应用时，我们只要把答案悄悄地藏在问句中，然后不露声色地向对方提问，就会让对方不知不觉地想要向那个答案靠拢。

某公司产品部门的一位经理因为个人原因向公司提出了辞职，上级批准了他的申请，并从另一个部门调来了一位管理人才，由他接替经理的位子。然而，部门的老员工们对这位新经理不了解，又听说他以前没有从事产品管理的经验，便对他产生了一些不信任感。

新经理对此十分无奈，为了赢得员工的认可，他只得求助于老经理，请老经理出面说服这些员工。

老经理特地把几名员工叫到家中，跟他们联络感情，等到员工们放松了心情之后，老经理仿佛不经意地提问道："新来的那位刘经理一直在销售部门从事管理工作，部门业绩一向都非常出色，大家对他的工作肯定是非常满意的吧？"

几名员工不知不觉受到了老经理的影响，都点头道："是的，很满意。"

老经理又提问道："刘经理为人特别有原则，有时可能显得有点严厉，不过销售部门的同事提起他都赞不绝口。现在他来咱们产品部门有一个多月了，大家肯定已经适应了他的管理风格了吧？"

员工们互相看了一眼后，异口同声地回答："适应了。"

老经理能够用提问说服员工们，是因为他知道员工对新经理的否定态度并不坚定，他们只是因为对新经理不够了解，才产生了一些怀疑，而这种怀疑是很容易消除的。另外，老经理还知道员工们对自己非常敬重，很在意自己的想法，在思考问题时容易受到自己的影响，所以老经理才会悄悄在提问中埋藏了答案"肯定非常满意""肯定适应了管理风格"，员工们在给出回答的同时，也逐渐接受了这些答案。

我们如果想要说服一些意志不坚定的人，就可以效仿这位老经理的做法，用藏在问题中的答案去暗示对方，这将让我们在说服时更加省力。比如，我们想要说服客户购买我们提供的商品，如果直接提问："您觉得这件产品怎么样？"那么对方很可能会给予我们一个不确定的答案："不好说，我也没什么主意。"有时对方还会直接给出否定的答案："不怎么样，我不太喜欢这件产品。"那我们与客户之间的沟通就会戛然而止。

想要避免出现这种无奈的结局，我们就可以在问句中提出预设的答案，比如可以向客户这样提问："这件产品是不是特别符合您的需求呢？您看，产品的设计满足了实用性和美观性的要求，价格也比同类产品更加实惠，您不可能再找到比这更好的产品了，对吧？"此时对方就很可能在我们的暗示下，顺着话头回答道："对啊，这产品还真不错。"

也许有的人会说，每个人都有自己的自主想法，难道他们会这么轻易地接受我们的暗示吗？可事实确实如此，英国肯特大学的心理学博士马利亚·扎拉贡扎还专门做过这方面的研究，他认为人脑并不会像机器一样始终保持精准无误，有时只要被技巧性地植入一些特定的内容，思维就会开始偏向某个方向，而这也是这类暗示性问题常常能够奏效的原因所在。

扎拉贡扎博士曾做过一个相关的实验。他随机挑选了 98 名大学生，让他们一起观看一部只有 8 分钟的动画短片。之后，博士向大家提问道："动画中的主人公摔倒了，他的膝盖流血了，没错吧？"大部分大学生都给出了肯定的回答："对，他的膝盖确实流血了。"可当博士揭开答案后，大家都惊呆了，原来故事中的主人公根本就没有摔倒，又怎么会出现膝盖流血的画面呢？大家之所以做出了错误的判断，就是因为博士刻意地在他们的脑海中"植入"了错误的答案，才会让他们误以为那就是真相。

这个实验进一步说明了暗示性的提问可能会产生神奇的效果，所以我们不妨在设计问题的时候准备几个暗示性问题，然后选择适当的时机提问。

值得一提的是，在设计问题的时候，我们不光可以隐晦地带上答案，还可以试着把合理的“解释”也放入其中。

这里所说的“解释”常常是用“因为……”的句式来开头的，它可以让对方相信我们的提问是有原因的，是非常合理的，那么对方也会在自我暗示的作用下给出我们需要的回答。

比如，一位办公室职员正准备复印几份急用的文件，但是上级又催着她去做一些更加重要的事情。这时她恰好看到一位同事走向了复印机，于是她抓住时机提问道：“小温，你能顺便帮我复印一下这份文件吗？因为我实在是忙不过来了，要是我再不去经理的办公室，就要出大问题了。”说罢，她还做了一个十分无奈的表情，好让对方知道她并不是在危言耸听。对方不禁对她的处境产生了一些同情，并且还因为她给出的“解释”而自我暗示道：“看来她确实遇到了麻烦，反正复印文件不过是举手之劳，于我没有什么损失，我应该答应她。”

这位职员就这样通过一个巧妙的提问获得了同事的帮助。我们不妨想象一下，假如她没有在问句中加入合理的“解释”，她的提问还会有这样的效果吗？答案显然是否定的。因为，再多的请求和说服，都不会比自我说服、自我暗示更有力量，而我们在提问时要注意的就是想办法去调用这种暗示的力量，使它能够促进积极结果的形成。

需要指出的是，在一次沟通中，我们不应提出过多的暗示性问题，否则很容易让对方识破我们的意图，那样对方不但不会被我们说服，还会对我们生出一些不满情绪，我们也就更难达到沟通的目的了。

用对方的话来反问，扔回“烫手山芋”

在沟通中我们难免会遇到一些难以回答的问题，这时如果勉强寻找答案去应付对方，可能并不会让对方满意，也难以让我们达成沟通的目的。其实，此时我们可以尝试利用对方的话语来提出反问，这是一种非常有趣的提问技巧，相当于将“烫手的山芋”又抛回给了对方，可以帮助我们化解眼前的被动局面，并有可能使我们逐渐找回沟通的主动权。

一位顾客走进了一家品牌手机专卖店，在店内浏览了一番后，顾客拿起了一款新型手机，随意地摆弄起来。一名店员热情地迎了上来，向顾客介绍起了这款手机的各种优点，如电池续航能力强、拍照清晰、运行速度快等，可是任凭店员说得多么天花乱坠，顾客却始终不为所动。

终于，顾客开口了，他对店员提问道：“这款手机挺不错的，有没有人脸识别解锁功能呢？”店员一听，不禁暗暗叫苦。因为，店内的手机暂时还不支持这项新技术，他也知道假如直接回答顾客“没有这项功能”，顾客可能会放下手机掉头而去。为了不会丢失一桩生意，店员巧妙地反问道：“这项功能对您来说非常重要吗？”

顾客想了想，说：“我也只是听说有这种功能，觉得挺有意思的，所以随口问一问。其实我买手机更注重实用性，要是为了华而不实的功能多花很多冤枉钱，就不值得了。”

顾客的回答让店员松了一口气，他马上微笑着说道：“您说得太对了，一听就知道您是那种理性的消费者，我们这个品牌的手机恰恰就是为了您这样的消费者专门设计的，功能实用，价位合理，同等配置的手机我们品牌至少要便宜500元，我这里有详细的配置资料，您有兴趣看一看吗？”

店员的话让顾客觉得十分满意，他点点头说：“好的，请帮我详细介绍一下……”

这位店员在沟通中就采用了反问技巧，他故意不直接回答顾客提出的棘手的问题，而是将问题又丢了回去，让顾客不由自主地说出了自己真正的需求。之后，店员抓住了这个有利的信息，对顾客进行了赞美和引导，使得顾客对产品产生了浓厚的兴趣。

这个例子也提醒了我们，反问有时能够产生陈述句、疑问句无法达到的效果，善用反问的技巧，可以快速转移对方的注意力，因而能够帮助我们有效化解难题；反问还能让我们挖掘出对方的真实想法，而这常常能够让我们赢得更多的机会；在面对对方的质疑、埋怨的时候，反问也能发挥奇效，能让我们化被动为主动，并有可能说服对方，取得非常积极的沟通效果。

某公司销售部门的朱经理对一名员工最近的工作表现很不满意，他把这名员工叫到了办公室，想让他对此给出合理的解释。没想到这位员工却向朱经理抱怨起来：“您不觉得我的工资水平太低了吗？这让我缺乏工作的激情和动力。”

员工的问题让朱经理感觉哭笑不得，他本想严肃地批评这位员工，可又担心这样做会伤害他的自尊心，于是朱经理反问道：“那你觉得该怎样做才能提升工资水平？”

员工低头思索起来，半晌都没有说话。朱经理没有等到他的答复，就主动提出了一个建议：“这样吧，你先想想怎样把自己的月销售业绩提升 2 万元，我们再来讨论涨工资的问题，你看这样行吗？”

员工的脸顿时变得通红，他听懂了朱经理的意思，也不好意思再为工资的事情埋怨不止，只好惭愧地对朱经理说：“我明白了，我会努力工作的。”

在这里，朱经理就通过反问把“球”踢回给了对方，让对方明白工资水平是与业绩表现直接挂钩的，因而也无法再继续胡搅蛮缠了。我们在沟通中如果遇到了类似的情况，感觉直接应对会比较吃力，或是会产生不好的效果，那我们就可以采用反问的技巧，这通常能够发挥显著的作用，可以让我们不必大费口舌，就能够达到说服的目的。

需要指出的是，反问不等于推诿问题，而是要积极地解决问题，所以在反问对方的同时我们应当迅速设想对象的回答，并根据其回答进行巧妙的引导、梳理，从而能够帮助对方展开思维，使思考更加深入。此外，反问也不等于没有礼貌地责问，所以哪怕我们对对方的意见持反对态度，在提出反问的时候也要注意使用平和的语气和诚恳的态度，这样才能让反问在沟通中产生应有的效果。

施展“提问激将法”，达到说服目的

所谓“提问激将法”，指的是在适当的时机通过一定强度的刺激性提问，使对方感觉自己的自尊心、荣誉感受到了挑战，继而就会激发对方的逆反心理，使对方不知不觉地愿意接受我们的建议，从而能够达到说服的目的。

一对年轻的夫妇走进了一家高档服装店，妻子一眼就看到了一件剪裁大方的外套，要求导购员将外套拿给自己试一试。

稍后，妻子穿上了外套，对着穿衣镜欣赏着，觉得非常满意。她回头问导购员：“请问这件衣服的售价是多少？”导购员告诉她是1500元，听到这个数字后，妻子惊叹了一声，就准备将衣服脱下来。

导购员连忙劝说道：“女士，这款衣服太适合您了，简直就像为您量身定做的一样，放弃它您不觉得可惜吗？”

导购员的话让妻子犹豫起来，她扭头去看自己的丈夫，可是丈夫什么都没有说。导购员便走向了丈夫，对他说：“先生，您看您太太是多么喜欢这款外套啊，您作为丈夫不想满足一下太太的愿望，让她变得更加美丽吗？”

丈夫有点不好意思地笑了，说道：“我听她的，只要她喜欢就好。”

导购员继续使用“提问激将法”：“我一听就知道您是一个特别尊重太太、爱护太太的人，买一件衣服这样的小事，您肯定不会让太太失望的，对吗？何况这件衣服采用了上等的羊绒面料，制作更是精益求精，之前也有很多男士为自己的爱人选购了这款服装，您一定不想让您的太太错过这个机会吧？”

丈夫听到这里，马上点头道：“行，这件衣服我们买了，现在就付款吧！”

在这里，导购员在说服顾客的时候就充分使用了“提问激将法”，她提出的几个问题在恭维对方的同时，又不露声色地刺激到了对方的自尊心，也激起了对方的好胜心，使对方接受了较高的价格，从而促成了成交。

我们在日常沟通中如果遇到了难以说服的对象，就可以尝试使用这种“提问激将法”，通过刺激对方的自尊心，使他们能够变得主动、积极起来，愿意马上去付诸行动，从而可以实现普通说服无法达到的效果。

不过，这种提问方法在使用时要十分注意技巧和分寸，才能达到理想的效果。为此，我们需要做到以下几点：

1. 看准“提问激将”的对象

我们在实施“提问激将法”时，首先应当考虑到对方的身份、年龄、性格等特点。一般来说，激将法对于那些年纪较轻、性格急躁易怒、容易冲动、自尊心强、喜欢攀比、渴望证明自己的对象往往特别有效，因为他们很容易受到问题的刺激而做出冲动的决策。但是，对于那些性格沉稳、谨小慎微、年纪较大、阅历丰富的对象则不宜使用这种技巧，因为这不但很难达到“激将”的效果，还很容易被对方识破，从而弄巧成拙。

2. 看准“提问激将”的时机

在沟通中实施“提问激将法”还需要看准时机。如果过早使用，时机不成熟，就会严重打击对方的信心，还有可能引起对方的反感,会对说服造成不利影响。可若是过晚使用,“激将”就会变成“马后炮”，无法发挥应有的作用。因此，我们需要仔细观察对方的语气、表情等反应。如果觉察到对方已经产生了不服输、不甘心的情绪，但又因为某些原因犹豫不决时，就可以用刺激性的问题来施加“推力”，使对方能够变得冲动起来。

3. 把握“提问激将”的分寸

“提问激将法”在运用时要特别注意分寸,所谓“过犹不及”。如果我们的提问过于激进，在言语中过度贬低了对方，或是极力逼迫对方，都会让对方的情感受到伤害，那就会造成反效果，对方很有可能会恼羞成怒，沟通气氛也会变得非常紧张，严重时还可能造成不欢而散的局面。不过,问题的“刺激性”也不能过小，如果只是用一些不痛不痒的语言来提问，也是无法激起对方的自尊心、好胜心的，对方始终无动于衷，提问也就失去了意义。

4. 选对恰当的“提问激将”方法

想要用提问刺激对方的自尊心，可以使用“明激法”，也可以使用“暗激法”。明激法就是面对面、直截了当用带有贬低性的问话来刺激对方，使对方的情绪变得激动起来。“暗激法”则更加隐晦一些，指的是用旁敲侧击的方式，当着对方的面故意褒扬第三者，以此来达到刺激对方的目的，使对方因为不甘落后于他人而变得积极起来。在上面的案例中，导购员就通过褒扬“其他男士”来“暗激”那位丈夫，使他在好胜心的驱使下做出了购买的决定。

此外，我们还可以大力夸赞对方在过去取得的业绩或成就，同时故意不提及对方现在的情况，这样也能够产生一种“自激”效果，会让对方产生不服输的心理，想要立刻改变现状，重现辉煌。

我们在实际运用时，可以选择最适合当前沟通对象的方法，也可以将几种方法搭配使用。但无论采用哪一种方法，我们都应当注意自己的态度，要避免表现出蛮横无理的攻击态度，以免激怒对方。所以，我们在提出刺激性问题的同时要保持平静的态度和自然的表情，使对方即使受到“激将”也不会产生过多愤怒、不满的情绪，而这对于说服工作是很有帮助的。

提问后沉默，将压力抛给对手

在沟通过程中，不少人都会犯同样的错误，那就是在提问之后沉不住气，无法忍受对话之间存在空白。他们总是急于知道对方的答案，如果对方没有及时回答，他们甚至会迫不及待地自问自答，但是这样的做法会让自己逐渐失去沟通的主动权，而且也无法达到提问应有的效果。

因此，那些提问高手们都会注意避免这样的问题，他们会在提问后马上闭口并保持沉默。这样不但能够留给对方足够的思考和设计答案的时间，还能让对方感受到一种压力，因而更容易达到提问的目的。

一家广告公司的负责人周先生在自己的办公室里接待了一名大客户。这位客户实力雄厚，周先生很希望能够与其达成长期合作关系，所以综合了多方面的因素，拿出了一个十分适合对方、价格又非常合理的方案。周先生认为对方一定会欣然接受，谁知对方却“狮子大开口”，提出了一个低得离谱的报价。

周先生很不高兴，但又不想和对方做无谓的争辩，于是周先生按捺住自己的情绪，冷静地看着对方的双眼说道：“我建议您先参考一下当前的市场报价，再来和我谈价格，您看行吗？”

抛出了这个问题后，周先生就不再开口了。对方其实也知道自己的要求有些过分，就象征性地在报价上上浮了一个百分点，可是周先生却仍然保持着沉默状态。这倒是让对方感觉到了不少压力。

对方有些沉不住气了，滔滔不绝地讲了一些话，试图从周先生的方案中挑出毛病，但周先生不为所动。之后，对方又试图打“苦情牌”，不停地说己方也有不少难处，希望周先生能够理解。

但周先生仍然一言不发，只是脸上始终保持着礼貌的微笑，还不时地对对方点头，表示自己确实在耐心地倾听。

就这样一连几分钟过去，对方已经找不出什么理由，此刻他觉得十分疲倦，内心又非常茫然，因为他根本拿不准周先生的想法。最后，他只好主动让步说："好吧，那这次合作就先定这个价格吧，我也是看重贵公司的声誉才来的，希望这次合作能够取得良好的效果。"

听到对方这样说，周先生不再沉默了，他站起身来，热情地与对方握手，还郑重承诺一定会提供最好的服务。周先生的诚意让对方打消了顾虑，经过一番沟通后，双方顺利签订了合同。

很多人以为在沟通中只有口若悬河地不停地说话才能成功压倒对方，让对方答应自己的要求。可周先生却通过自己的实际行动告诉我们，在提问后适时保持沉默反而能够产生更好的效果。在面对客户不合理的要求时，周先生就采用了这种办法，通过适时的沉默，既避免了与客户发生无谓的争执，又能够凸显自己的自信，让对方猜不透自己的意图。在沉默制造的压力下，对方会不由自主地通过不停地讲话来掩饰自己内心的不安情绪，而这无疑能够让周先生掌握更多有价值的信息，也能让周先生在与对方的心理"较量"中逐渐占据有利的地位。

由此可见，提问后的沉默对于沟通确实有着非常可贵的价值。那么，我们如果想要像周先生这样成功地使用这种技巧，需要注意哪些原则呢？

1. 要明确沉默的目的

提问后的沉默并不是消极的逃避行为，而是有主动意识的、有明确目的的积极的沉默，这样的沉默可以帮助我们更好地控制沟通进程。所以，我们必须明确自己沉默的目的，要做到在不适合说话的时候闭口不语，以消磨对方的锐气，给对方造成心理压力；而在适当的时候则要及时发表意见，这样常常能够起到“一锤定音”的效果。

比如，我们已经给了对方一个值得考虑的建议，但是对方却拒绝接受，或者回应以一个非常模糊的回答，这时候我们可以用提问来请求对方做出更加明智的选择。之后，我们就应当保持沉默，待对方改变态度的时候，我们才能打破沉默，让沟通可以顺利地进行下去。

2. 要控制沉默的时间长短

沉默时间的长短也是有讲究的，如果在提问后只经过了转瞬即逝的几秒钟，我们就迫不及待地开口，就无法让沉默发挥应有的作用。但若是沉默的时间过长，对方不知道该如何应付，沟通就会陷入难堪的停滞，有时对方还会认为我们缺乏诚意、不够礼貌，这样也不利于我们达到沟通的目的。所以，我们应当合理地掌握沉默时间的长短，可以在提出问题后，就用心倾听对方的答案，并注意观察对方的态度。如果感觉到对方的态度有明显的软化时，我们就应当立即结束沉默，然后与对方恢复友好的沟通。

3. 要与相应的表情、动作相结合

沉默代表了我们的态度，为了加强这种态度，我们还可以配

合一些表情和动作来加深对方的印象。比如，我们可以用摇头、摆手、皱眉等动作来配合沉默，使对方感受到我们强烈的拒绝意愿，这样他们就不得不改变自己的立场了。另外，为了不失礼于人，我们还可以像本节案例中的周先生这样，在沉默的同时不时对对方微笑、点头，表示我们仍在认真倾听，这样也能避免触怒对方。

总的来说，灵活地运用提问后的沉默技巧，会让我们的沟通能力变得更加强大，有时甚至能够产生“不战而屈人之兵”的良好效果。

面带微笑，提问更加动人

曾经获得过诺贝尔文学奖的诗人卡尔·施皮特勒有这样一句名言：“微笑是具有多重意义的语言，是善良、友好和赞美的象征。它总是能快速地拉近陌生人之间的距离，当你不知道如何展开话题时，微笑是最好的开端。”的确，微笑确实是最好的沟通方式，也是提问时不可缺少的一种“润滑剂”。如果我们能够在提问的时候配合真诚的、动人的微笑，就能让对方产生不少亲切感，之后我们和对方之间的问答交流就会变得畅通无阻。

有这样一个关于微笑提问的小故事，发生在一架飞往美国纽约的航班上。当时飞机即将起飞，空中小姐们正忙着叮嘱乘客注意事项。忽然，一位女乘客叫住了空姐珍妮，对她说：“请你给我一条毛毯，我觉得有点冷。”珍妮连忙回答道：“女士，请您稍等片刻，等飞机进入稳定飞行状态后，我就把毛毯给您送来，好吗？”乘客点点头，没有再多说什么。

稍后，飞机安全起飞，乘客们也渐渐安定下来。珍妮好不容易处理好手头的事务，正想坐下来休息一会儿，却听见了一阵急促的服务铃声。珍妮这才想起自己忘记给乘客拿毛毯了，她连忙带着毛毯走回客舱，正要说话，却看到乘客一脸气愤的表情。珍妮也很理解乘客的心情，她面带真诚的微笑，用温和的语气问道：“女士，非常抱歉，由于我的疏忽，给您带来了不便。请问您是否还有别的需要呢？”

那位乘客本想发作一番，可一看到珍妮甜美的笑容，又听到她充满歉意的问话，反而觉得有些不好意思了。她有些尴尬地接过毛毯，语气有些生硬地说：“给我拿杯水！”珍妮立刻用最快的速度拿来了一杯温开水，这下乘客的气也消得差不多了。

在之后的旅程中，珍妮每次经过客舱时，都会特意走到那位乘客身边，面带微笑向她提问，问她是否需要其他帮助。连续几次提问后，乘客终于被她打动了，也对她微笑起来，还对她说了一声“谢谢”。

珍妮用真诚的微笑和充满歉意的问话消除了乘客的敌意，也改变了乘客对她的看法，让矛盾消弭于无形。由此可见，微笑确实具有强大的力量，它能够增强我们的亲和力，还能够让对方感到十分愉悦，也能让问答沟通的气氛变得更加轻松。所以，我们一定不能忽略微笑这种最简单也最为迷人的表情，要学会微笑着提问，从而能够让对方减少戒备心理，愿意向我们敞开心扉。

我们平时可以有意识地进行微笑练习，好让自己能够习惯性地展现出善意的、真诚的、自信的微笑，而这可以从以下几点做起：

1. 调动内心愉悦的情绪

在练习微笑之前，我们应当先调动内心愉悦的情绪，不妨在脑海中尽量回忆一些最愉快的、最令人喜悦的场景，使自己能够自然而然地发出由衷的微笑。我们还可以借助外界物品的诱导来激发愉悦的情绪。比如，可以打开一本自己最喜欢的小说，或是翻看记录着美好回忆的相册，聆听旋律轻快悠扬的乐曲，等等。在这种时候，我们也会自然地流露出动人的笑容。

2. 做出自然的微笑表情

酝酿好了情绪之后，我们可以对着镜子观察自己的笑容，看看自己在微笑时是否存在肌肉过于僵硬、表情不够自然的问题。之后，我们可以放松面部肌肉，微微翘起嘴角，露出 6~8 颗牙齿，形成一个最为优雅、大方的微笑，并让它在我们的脸上停留数秒。接着，我们要尝试让微笑缓缓收住，这一点也是很重要的，切忌不能让微笑突然从我们的脸上消失，那样会带给他人非常突兀的感觉。

3. 注意配合友善的眼神

在微笑的同时，我们不能忘记配合柔和、友善的眼神。通常我们可以在眼神与对方接触的瞬间展露微笑，此时我们应当平视对方，而不能傲慢地俯视对方，更不能轻蔑地斜视对方。我们也不能紧紧地盯着对方的眼睛，以免给对方造成压力，而是应当注视对方两眼和嘴之间的三角区域，这也有助于形成一种平等、亲切和轻松的沟通氛围，在这样的氛围中进行问答交流，自然能够达到良好的效果。

我们可以经常进行上述这些练习，在练习的过程中，还可以邀请家人、朋友、同事来欣赏我们的笑容，并给予点评。当我们能够做出最有感染力的微笑之后，就可以面带微笑去提问了，这必然会让对方感觉亲切、温暖，能够引起对方的强烈共鸣。

拐弯抹角，借他人之口提问

在沟通过程中，如果我们想要向对方提一些比较尖锐的问题，或是不适合当面提出的问题，就可以尝试“借他人之口”来提问。这种拐弯抹角的提问技巧会让问题带有一定的“客观性”，有助于减少对方回答时的抗拒心理，还能够避免引起对方的不快，对于沟通的顺利进行很有帮助。

有一位著名的节目主持人在一次大型公演中不慎出现了口误，她将“欢迎嘉宾莅临”的“莅”（lì）字念成了“位”（wèi），一时间，素有“才女”之称的她遭到了大批观众的质疑。事后，这位主持人通过自己的微博发表了道歉声明，可是此事还是经常被人提起，让她感到十分尴尬。

有一次，主持人接受了记者的公开采访，记者在提问时考虑不周，直截了当地提问道："您对公演时的口误事件有什么想说的吗？"这名主持人顿时感觉颜面扫地，当即提出中止采访，愤然离去。

从那以后，再有人采访这位主持人时，都不敢再提及这个话题，生怕会惹她生气，导致沟通失败。有一位经验丰富的老记者却偏偏打破了这个禁忌，他想办法联系到了主持人，说服她接受自己的专访。当天，老记者找了一个安静的场合，又采用了"借他人之口"的技巧，对主持人提问道："有一位您的粉丝托我向您表示敬意，她说您能够认真对待这样的小事，主动发表道歉声明，说明您是一个胸襟坦荡、真诚可敬的人。她还让我告诉您，谁都免不了会出现一些小纰漏，所以您完全不必为此挂怀。您有什么想对她说的吗？"

听完老记者的这个问题后，主持人十分感动，她眼中闪动着泪花，破例与老记者详细谈论起了此事，将自己的心路历程毫无保留地和盘托出。在访谈结束后，她还再三表示要好好感谢这位粉丝……

老记者假借"粉丝"之口来提问题，能够让自己站在一个相对中立的立场上，避免让对方在一开始就产生怀疑、忌惮的心理。不仅如此，老记者还巧妙地把刺耳的字眼都包裹在了粉丝温暖的建议中，使对方感觉这是友善的安慰和提醒，而不是恶意的贬低和嘲弄，对方才会愿意认真地回答问题，沟通也才能够取得非常理想的效果。

我们很有必要掌握这种“借他人之口”提问的技巧，在提问之前，不妨先揣摩一下问题可能会对对方造成怎样的心理影响。假如问题会让对方心中不快甚至怒火中烧，会造成不欢而散的尴尬局面，我们就可以设计一个替“他人”询问的问题，并要想办法将语言包裹得委婉、动听一些，这样对方更容易接受，也更愿意畅所欲言。

在具体提问的时候，我们可以点明“他人”是谁，也可以用一些比较笼统的说法如“有人说”“有媒体认为”“我听说”等来表示这个问题中的立场“与本人无关”。比如，在上面的案例中，老记者采用的就是点明“他人”的做法，而在下面这个案例中，提问者在“借他人之口”提问时就使用了较为笼统的说法。

一位女记者打算采访一位美国官员，可是这名官员对受访一事非常敏感，派助理与女记者“约法三章”：不能提尖锐问题；不能提有争议的问题；不能提私人性质的问题。不光如此，官员还表示不会回答所有的问题，只会选择自己觉得“适合”的问题做出回答。

女记者觉得官员提出的条件非常苛刻，可是能够获得与官员见面沟通的机会已经很不容易，所以女记者接受了这些条件，但她心中却有了一番盘算。

到了采访当天，女记者一见到这位官员，就笑盈盈地提问道：“人们一致认为您是本州最杰出的官员，您是如何做到让这么多人都认可您的呢？”

女记者之所以会这么问，是因为她做了大量的调查研究工作，对官员的性格有很好的了解。她发现这位官员好胜心极强，尤其喜欢听别人对他说奉承的话。可女记者也知道，官员对自己有较强的忌惮心理，如果自己直来直去地说一些奉承话，肯定会造成适得其反的后果，所以她巧妙地借他人之口来提问。在问话中，她没有明确告诉官员是谁在赞美他，而是采用了笼统的说法“人们一致认为”，这样的问话挑起了官员自我膨胀的心理，让他变得十分激动，不由自主地回答道：“我只是做了一些力所能及的事情。要知道，三年前我就任的时候，面对的完全是一个烂摊子，那时候的我就像是一名孤独的牛仔……”

听到官员的回答后，女记者如获至宝，赶紧将官员这些从未对外透露过的细节记录下来。之后，女记者又不断提出类似的问题，一步一步引导官员的情绪，使他一直保持着亢奋的状态。最终，女记者成功达到了采访的预定目标，获得了大量有价值的信息。

我们不妨设想一下，如果女记者采用了常规的问答方法，显然无法达到现在这种理想的效果，幸好她采用了“借他人之口”提问的妙招，使自己成为了一个“传话人”的角色，才让对方不再怀疑、不再抗拒，并被问话中流露出的强烈的赞许意味所打动，继而不由自主地说出了很多鲜为人知的秘密。

在日常沟通的时候，如果我们需要探知某种事实真相，而对方又采取了明显保留的态度的话，我们就可以参考一下这位女记者的做法，尝试借笼统的“他人之口”向对方提问，这会让我们的问话具有更强的说服力，也会让对方在谈论该话题时减少很多不必要的顾忌。

第六章

做好提问互动，引导主动参与

嘘寒问暖，拉近与对方的心理距离

在正式沟通之前，我们可以通过提问的方式和对方说些带有寒暄性质的话语。这种嘘寒问暖的社交话语听上去可有可无，有的甚至没有什么实际的意义，但却能够起到联络感情的作用，可以表达出我们对对方的关怀之情，并可帮助我们营造出积极、轻松的良好沟通氛围，还能够推动对方积极地与我们进行沟通互动。

在一个寒冷的风雪天里，一名顾客走进了一家家具店。他的样子看起来有些狼狈，脸被呼啸的北风吹得通红，头发也被吹乱了，发间、肩头还有不少雪花。他站在家具店的入口处，用力搓着被冻僵的双手，眼睛看向店铺内部，犹豫着是不是该往里走。店员文杰注意到了这名顾客，微笑着迎上前去，主动寒暄道："先生，今天天气这么不好，您是怎么过来的呢？"

顾客感受到了文杰的好意，也微笑着回应道："我是开车来的，可是半路上车抛锚了，我只好步行到这里。"

文杰用关切的语气问道："先生，您一定冻坏了吧？您进来坐坐吧，我们店里非常暖和，我再给您倒杯热水，您看行吗？"

顾客有些感动，连连向文杰道谢，并随着文杰走进了店里。坐着休息的时候，顾客主动问起了一些家具产品的信息，文杰也从专业的角度给他提供了不少建议，两人聊得十分融洽。最后，顾客表示想要购买一套书房家具，还爽快地支付了定金，让文杰帮忙搭配设计。文杰没有想到自己的一句寒暄竟能带来一桩生意，心中觉得非常惊喜。

文杰在寒暄时选择的切入点是当时的天气，这是一种很常见的寒暄办法，适合向初次见面的陌生人提问，它可以消除双方之间的距离感，能够为进一步攀谈搭建起友谊的桥梁。在日常沟通中，我们还可以从更多的角度切入去与对方寒暄，以下就介绍几种常见的寒暄方法：

1. 寒暄问候法

这是最常见的寒暄方法，像我们经常听到的“吃了吗？”“最近忙吗？”“你最近好吗？”等都是带有问候性质的寒暄式问话。它们能让沟通双方之间变得更加亲近，有助于营造亲切、友善的互动氛围。一般在熟人见面的时候，使用这种方法来嘘寒问暖、活跃气氛是最为合适的。

2. 寒暄关照法

这种方法指的是在寒暄提问时要关注对方的需求，为对方解决疑难问题，比较适合接待客户、访客时使用。我们可以面带亲切的微笑，用关切的语气主动向对方提问：“请问您有什么需要？”“请问您需要哪方面的帮助？”这样的提问会给对方提供发言的机会，当对方说出自己的需求后，我们就可以有针对性地与其进行沟通了。

3. 寒暄“求同”法

这种方法是通过简单的提问找到对方与我们之间的共同点，使对方对我们产生亲切感，这样就会让沟通进行得更加顺利。因此，我们可以从家乡、兴趣爱好、性格习惯、经历等方面向对方提问，并想办法从中找到共同点。比如，我们可以这样与对方寒暄：“您是哪里人？”“北京人。”“北京？那可是我的第二故乡啊！我大学四年都是在那里度过的，后来还在那里工作过几年。”

如果我们一时之间找不到与对方的相似之处，那就还可以试试这样的提问法：“我们之间至少有一个共同点，那就是都热切地期盼能够解决这个问题，您说对吗？”相信对方听到这句问话后，肯定会会心一笑，与此同时，双方因初次接触而产生的距离感会有所减少，之后再展开其他话题就会容易得多了。

4. 寒暄认可法

这种方法是在寒暄时表达对对方的赞许和认可，使对方的心情变得格外轻松愉快，就会更加愿意与我们交流互动。所以，我们可以在见到对方时这样提问：“您的新发型看起来真精神，是在哪里做的呢？”“您的手机真不错，是今年的最新款吗？”听到这样的问话后，对方心中会生出一种满足感，也会更加愿意和我们多聊上几句，愉快的沟通也就可以由此顺利地展开了。

我们可以根据自己所处的沟通场合、面对的沟通对象灵活选用上述这些寒暄的方法，但无论采用哪一种方法，我们都应当注意要在寒暄时流露出自己的真情实感，而且提问时的语气、表情等也要尽量自然，遣词造句要做到大方得体，这样才能让对方产生一种认同心理，并会使对方对即将开始的交谈更感兴趣。

用提问式开场白抓住对方的注意力

在寒暄之后，我们就要与对方进入正式沟通阶段。在沟通伊始，我们首先要注意打造一个精彩的开场白，因为这会给对方留下深刻的印象，并会决定之后沟通的整体效果。而开场白有很多种形式，能够发挥的妙用也各不相同。如果想要抓住对方的注意力，让其对沟通产生浓厚的兴趣，采用提问式开场白是最有效的，那些新颖别致、出人意料的问题往往可以一下紧紧抓住对方的心，并能够激发对方主动思考。

一家公司请来了一位在业界小有名气的培训师，准备对销售部门的员工进行业务培训。培训师来到会议室后，没有立刻开口，而是先观察了一下员工们的态度。他发现这些员工对于这次培训似乎没有多少兴趣，他们有的低头摆弄手机，有的交头接耳，还有的茫然地坐在座位上，注意力却不知道跑到了哪里。

培训师看到这幅画面后，虽然不太满意，但也没有表露出来。他打算用巧妙的开场白让这些员工打起精神听课，于是他用力拍拍手，用掌声吸引了所有员工的注意。接着，他微笑着提问道："你们知道原一平是谁吗？"

在座的员工都没有想到培训师会用这样的方式开启培训，都觉得有些奇怪。不过培训师提出的问题可难不住这些经验丰富的销售人员，他们七嘴八舌地说道："是日本人！""是寿险业务员！""是世界级的销售大师！"

培训师点点头道："说得没错。我要说的就是发生在原一平身上的事情，这位销售大师曾经连续15年拜访一位老年人，想劝说他购买寿险，你们猜猜他最后成功了没有？"

员工们的兴趣被培训师的提问充分地调动起来，有名员工还不假思索地抢答道："那还用问吗？肯定成功了啊！"

培训师却摇了摇头，做出无奈的表情道："非常遗憾，他没有成功，因为那位老人在第15年去世了！"

"啊？""怎么会这样！""那不是白辛苦一场！"台下惊叹声此起彼伏。

培训师趁热打铁，又抛出了一个问题："大家不要急，我这个故事还没讲完呢。原一平当时也很沮丧，他去参加了老人的葬礼，没想到老人的儿子一见到他，就提出要买保险。你们知道这是为什么吗？"

员工的注意力完全被培训师吸引了，他们认真地思考着这个问题。不一会儿，有几名员工说出了自己的想法，但都不是正确答案。

最后，培训师给大家揭开了谜底，原来原一平说服那位老人的时候，老人的儿子也经常在一旁聆听，慢慢地，他被原一平锲而不舍的精神深深打动了，他实在想不出这世界上还有哪位推销员能够具有这种不达目的誓不罢休的精神，这让他对原一平十分信任，并决定在他那里购买保险。

听完了培训师的解释后，员工们都沉默了，这个故事虽然很短，却让他们领悟到了销售的真谛——那就是“永不放弃”。

在这次培训课上，培训师使用的就是提问式的开场白。在听到培训师的提问后，员工们关注的焦点立刻转移到了问题上，不会再有思想“开小差”的情况。而且有问题就会有答复，这就使得沟通从单向的灌输变成了你来我往的互动，员工们会变得更加投入，沟通也会产生更加积极的效果。

在日常沟通时，如果我们发现对方表现得不太积极主动，就可以参考这位培训师的做法，用问题为自己打开局面，让对方也能对我们刮目相看。

在使用提问式开场白时，我们要注意做好以下几点：

1. 提问时尽量表现得自然亲切

在采用提问式开场白时，我们一定要注意不能给对方太大的压力，否则会让对方在一开始就对沟通产生抗拒感。因此，我们在提问时，一定要表现得亲切、随和，要用平等探讨的态度将问题娓娓道来，切忌以高高在上的态度质询对方某个问题，那必然会让对方觉得十分反感。

2. 所提问题必须与沟通主题密切相关

选择什么问题作为开场白，需要我们事前进行认真的思考，我们应当寻找一个乍听上去有些奇怪，但实际上却与沟通主题密切相关的问题。这样的问题会带有一定的意外性，会让对方立刻受到吸引，并迫切想要知道答案，然后我们就可以通过问答互动自然地绕回沟通主题，沟通的目的也就能够圆满地达成了。

3. 所提问题应是自己能够完全掌握的

我们不能问一些连自己都不知道答案、不了解细节的问题，否则对方反问我们答案，或追问我们一些细节的时候，我们却张口结舌，最终的后果就会是弄巧成拙、贻笑大方。因此，我们必须确保问题在自己的掌控之内，最好选择自己深入研究过的或是比较擅长领域的问题，这样我们在提问时才会更加游刃有余。如果对方有不明白的地方，我们也可以进行深入浅出的讲解，使对方的认识更加深入、全面。

需要提醒的是，我们在用提问调动起对方的积极性后，还应尽可能地鼓励对方回答问题，为此我们可以多用一些“你觉得呢”“你说呢”之类具有引导性的问话来引发对方表达的兴趣。在对方给出回应之后，不论答案是否正确，我们都要表现出赞许的态度，并要及时追问新的问题，这样问与答才会一环套一环地自然地串联下去，沟通也才会充满乐趣。

询问对方感兴趣的事情，打开对方的话匣子

想要通过提问打开交际互动的大门，就还要学会顺着对方的

心思说话。我们可以多问一些对方可能会感兴趣的事情，这样不但能把对方的注意力和好奇心吸引过来，还能拉近我们与对方之间的距离，并会让对方交流的热情不断高涨。

一位年轻的出版社编辑李峰正准备和一位知名作家会面，在见到这名作家前，李峰的心情非常紧张，因为他听很多前辈说过作家的脾气有些古怪，特别难以沟通。所以，李峰担心自己会和作家谈不拢，完不成出版社交代的约稿任务。

这天，李峰带着忐忑的心情来到了作家的工作室，见到作家本人后，李峰礼貌地向他问好，可是作家似乎刚遇到了什么不开心的事情，脸上一丝笑容都没有，也没有起身迎接李峰。

李峰心中着急，不知道该问些什么才能调动作家沟通的兴趣。正在这时，他注意到了作家面前放着几页摊开的英文稿件，他灵机一动，问道："听说您的大作要在国外出版了，是您亲自负责翻译工作吗？"作家没想到李峰对自己的事情这么关心，就抬头看着李峰，想听听他还会说些什么。

李峰发现这一招奏效了，心情也轻松了不少，他大着胆子问道："您的作品用词精练、文笔老到，让人读来回味无穷，我不知道翻译成英文后，还能完美地体现出这种效果吗？"作家一听，激动地从椅子上站了起来，还主动和李峰握手，嘴里说道："这就是我现在最担心的问题啊。你不知道，我花了一个月时间才翻译好一个章节，可惜读起来还是觉得寡淡无味，真是让我心烦啊。"

作家突如其来的热情让李峰感觉"受宠若惊"，他马上从专业的角度提出了一些建议，给作家带来了不少启发。之后，在融洽的氛围中，他们两人谈了整整一下午。在告辞之前，李峰仿佛不经意地提出了约稿的请求，作家略一思忖后，就痛快地答应了，还邀请李峰经常来工作室做客，让李峰十分高兴。

李峰通过询问对方最感兴趣的事情，让对方产生了强烈的情感共鸣，对方也由此打开了“话匣子”。通过一番交流互动后，李峰也实现了自己沟通的目的。这个案例也提醒了我们，想要成为受人欢迎的沟通高手，想要与他人愉快地相处，就需要从对方的所思所想出发，多谈论一些让他感兴趣的事情，这样他才会乐意参与到这个话题当中，谈话也才会进行得越发畅快。

那么，我们该如何找到这样的“兴趣点”并进行有效的提问呢？以下就介绍一些沟通高手们常用的办法：

1. 提问与对方的基本情况有关的问题

我们可以从与对方相关的情况入手来寻找话题，像对方的衣着、工作、家庭情况等都可以成为话题的引入点。比如，一位销售员在和客户攀谈时，就针对对方的穿着提出了这样的问题：“您今天穿的外套很漂亮，是今年的流行款吧，我也想买一件，不知在哪里能够买到呢？”还有一位下属在拜访上司时，针对对方的孩子提出了这样的问题：“听说您的儿子今年就要参加高考了，不知准备报考哪所学校啊？”对方听到这种与自己有关的问题后，大都会饶有兴趣地谈论一番，交谈的氛围也会变得非常活跃。

2. 提问与对方的兴趣爱好有关的问题

我们可以事先收集对方的信息，了解对方的兴趣爱好，也可以在沟通中留心观察对方的爱好，然后从这个爱好入手，找到一个合适的问题。一般对于这样的问题，对方会马上给予高度的关注，他们不但会积极地回答问题，还会主动诉说一些信息，沟通的氛围也会变得友好而和谐。

当然，想要达到这种效果，就需要平时多进行训练，并要学会抓住细节，才能立刻找到对方的爱好所在。很多沟通高手常常能够迅速做到这一点，比如，他们看到对方的办公室里悬挂着大幅的山水画，就猜测对方的爱好是绘画，于是就由此出发提出问题，询问对方最喜欢哪个流派的作品，对方立刻就滔滔不绝地讲述起来，沟通也就可以自然地展开了。

3. 提问与双方都熟识的第三人有关的问题

有的时候我们与对方是初次见面，对对方的情况很不熟悉，一时又找不到合适的话题来提问，那么也可以寻找双方都认识的第三方来作为提问的突破口，这常常也能消除一些陌生感，对沟通的顺利推进很有帮助。

比如，一对青年男女在见面相亲时，因为找不到共同话题，一度导致谈话无法进行下去。后来男方灵机一动，想到了双方都很熟悉的介绍人，便从介绍人身上找到了问题，向女方提问道："×××这个人特别有意思，我跟他一起工作的时候，发生过一件很有趣的事情，您想听听吗？"女方对这个问题产生了兴趣，马上回答道："是什么事情啊？您讲吧。"就这样，他们很自然地交流起来，谈话气氛也变得和谐愉快多了。

4. 提问与沟通环境有关的问题

从沟通环境中我们也能找到一些对方愿意谈论的话题，而这就需要我们注意观察所处的环境，并尝试从中找到对方的兴趣点。曾经有一位家具公司的老板在拜访一位企业家时，就针对其办公室的装修情况提问道："我刚才观察了您的办公室，说实话，我从业多年，还没见过如此精致的装修风格，就拿这个书柜来说吧，我猜这肯定是北美黑胡桃，您说对吗？"这个问题就是比较巧妙的，因为它不露声色地称赞了对方的品位，能够引起对方的好感和对谈话的兴趣，有助于话题的展开，也能够让紧张的沟通气氛得到一定的缓解。

5. 提问与社会热点有关的问题

每一个时期都会有一些人们普遍关注的社会热点问题，它们也可以成为我们用来提问的"资源"。当我们向对方提出这类问题时，对方常常会有所感触，也会发表一番自己的看法，沟通就能够顺利地进行下去。当然，想要做到这一点，就需要我们平时多收集一些相关信息，多阅读报纸杂志，收看最新的时事新闻，才能对热点问题了然于心，也才能够借此找到提问的切入点。

需要提醒的是，我们在进行这样的询问的时候，一定要注意观察对方的表现。如果对方对我们的问题表现出了浓厚的兴趣，话语滔滔不绝，就说明我们找到了对方的兴趣点；相反，若是对方对我们的问题表现得无动于衷、兴趣缺乏，就意味着我们找错了方向，那我们就应当尽快结束这个话题，转而寻找其他可能让对方感兴趣的事情进行提问，才能避免出现沟通“冷场”。

提请教式的问题，刺激对方表达自我的欲望

每个人都有被尊重、被需要的心理需求，如果我们能够在沟通中满足他们的这种需求，就能让他们愿意敞开心扉、畅所欲言。为此，我们可以以虚心好学的态度向对方提一些请教式的问题，这样可以抬高对方的价值，使对方感觉获得了尊重，因而能够让对方回答问题的兴趣得以最大化。

一家大型工程公司准备采购一批机械设备，消息传出后，很多厂家都派出了销售人员与该公司的采购负责人秦先生接洽，却都以失败告终。秦先生似乎对这些厂家的产品不感兴趣，也不愿意随便与销售员见面沟通。

金城设备厂的推销员吴悦没有急于与秦先生联系，而是先做了一番调查，了解了一下秦先生的背景情况。知道秦先生一直利用业余时间从事某个方面的研究工作，为人也比较自负，吴悦就打算以请教式提问的办法与秦先生沟通。

这天，吴悦终于打通了秦先生的电话，她在电话中这样说道：“秦先生您好，我是金城厂的小吴，最近在《机械工程》杂志上看到了您发表的专业文章，真是让我受益匪浅。请问能否打扰您几分钟，向您请教几个问题？”

秦先生最初还觉得有些不耐烦，可听了吴悦的“请教”后，他心中生出了一些不一样的感觉，因为他在杂志上发表文章的事情还没有多少人知道，平时也很少会有人把他当成专家，向他请教这方面的问题，这让他感到自身是具有重要价值的，所以他不由自主地打开了“话匣子”，滔滔不绝地给吴悦讲解起了那篇文章中的几个难点。

不过电话沟通毕竟有所不便，秦先生也觉得有些意犹未尽。吴悦又顺势提出了新的问题：“您真不愧是经验丰富的专家，我们厂最近设计了一套全新的设备，在批量投产前，想请您给指点一下，看看有哪些地方还可以进行改进，不知您是否愿意在方便的时候拨冗前来？”这个问题更是让秦先生感到了被尊重的优越感，他当即同意在三天后前往金城厂。

后来，秦先生在金城厂认真考察后，发现该厂生产的设备质量过硬、设计完善，完全符合本公司的工程需要，而且报价和其他厂家相比也有一定优势，最终秦先生亲自拍板订购了金城厂的设备。

该厂的设备真的需要秦先生给予指点吗？答案显然是否定的，推销员只不过是想找个借口来“请教”秦先生，继而让秦先生获得一种心理上的满足感。那么，秦先生真的没有意识到推销员的意图吗？答案也是否定的，不过推销员毕竟让秦先生获得了一种被重视、被需要的感觉，同时也刺激了他表达自我的欲望，促使他想要说出更多带有指点性质的话，因而能够让沟通进行得非常顺利。

我们如果想要做好提问互动，引导对方主动参与沟通，就可以采用类似的方法，向对方提一些带有请教性质的问题。这种问题可以是单个的问题，也可以由多个问题组合而成，其常用的提问句式有：

“我能请教您一个（或几个）问题吗？”

“我能就此事咨询您一些情况吗？”

“您是这方面的专家，能给我一些指点吗？”

在听到这样的问题后，对方一般都不会忍心断然拒绝我们的请教，总是或多或少会给出一些答案，有时还会为我们提供一些帮助，让我们能够收获不少惊喜。

子悦毕业于某大学传媒系，在毕业后，她很想投身于新闻事业，做一名专业的新闻主播，可是她不知道该向哪个方向努力。后来她想起了自己最崇拜的新闻主播邹先生，就想向邹先生请教一下。她决定写一封邮件发到邹先生的工作邮箱。

在邮件中，子悦先是表达了自己对邹先生的敬仰之情，之后又用诚恳的语气请教道：“您是我的前辈，也是最成功的主播，不知我是否能够有这个幸运，可以得到您的一些建议和指导呢？”

子悦知道邹先生工作繁忙，而自己又是一个初出茅庐的年轻人，提出这样的要求可能会显得没有自知之明，所以她也没有抱太大的希望会得到回复。没想到几天后，邹先生竟然亲自打来了电话，还邀请她到电视台来体验一天。

子悦惊喜极了，没想到自己的一个提问竟然能够带来这么好的结果。在约定好的那天，子悦跟随着邹先生，近距离观看他如何与部门同事沟通，如何熟悉稿件串词，如何控制提词器完成新闻播出，如何应对节目中的突然新闻……这些都让子悦大开眼界,也让她学到了很多实用的经验。在一天的工作结束时，邹先生询问了子悦的感想，又给了她一些指点，更是让子悦茅塞顿开。

当子悦用感激的语气向邹先生道谢时，邹先生笑道："你在邮件中的提问打动了我，让我想起了当年的自己。每一个像你这样追求上进同时又非常谦虚的年轻人，都值得获得更好的机会。加油吧，我相信你一定能够成功的！"

子悦试探性地向前辈请教，本以为邮件会石沉大海，可结果却出人意料。从这个故事中也可以看出，那些专家、学者、前辈也许并不像我们想象的那般高高在上、不可接近。如果我们态度诚恳地虚心请教，而我们请教的事情又不会对他们构成麻烦的话，他们也会乐于提供一些力所能及的帮助。但关键还是需要我们开口去提问，有了提问才有成功的可能，哪怕成功率很低，也比不开口、不提问要好得多。

想要让请教式的提问产生明显的效果，我们一定要注意做好以下几点：

1. 表现出较低的姿态

既然要向对方请教问题，就应当将对方摆在一个较高的位置，而我们自己则要表现出较低的姿态，要把对方当成老师、专家来看待，这样才能够十分自然地在问题中流露出敬意，也会让对方感觉非常“受用”。不过有不少人觉得做到这一点非常困难，因为他们会觉得“有求于人”就等于把自己放在了较低的地位，所以他们常常只是在口中说着带有请教性质的词语，表现出的态度却不够谦虚，甚至还显得有些不情愿，像这样提问是不可能得到对方的认可的。

因此，我们一定要提醒自己，要学会放下自己的“身段”，恭恭敬敬地向对方请教，相信对方一定会欣然说出自己的看法。

2. 合理设置问题的难度

提出请教性质的问题，主要的目的还是要促使对方多说话、多互动。所以，我们要设置一些能够让对方有话可说的问题，而不能抱着故意为难对方的心理，去提一些对方肯定回答不出的问题，那样只会让沟通陷入僵局，也会让对方感到尴尬。

有一名部门经理在提问时就犯了这样的错误，他在一次年会上，想要和一名新调任的副总拉近距离，就当着很多员工的面提问副总：“请问您觉得咱们公司最新研发的‘锐捷’系列产品市场前景如何？”

部门经理本以为这个问题不难回答，可他却忽略了一个事实，那就是副总才刚调任一个星期，还没有足够的时间熟悉产品。

于是现场气氛变得非常尴尬，副总犹豫了半天，才吞吞吐吐地说：“应该……还不错吧。”此时部门经理和同事们面面相觑，都对副总的领导能力产生了怀疑，而副总也对部门经理产生了十分不佳的印象，觉得他是在故意为难自己，才会挑选一个自己不可能知道答案的问题。

像这样的提问可以说是非常失败的，因为难度不当，没有达到请教的目的，还产生了不少副作用，应当引起我们的警惕。

不过，我们也不能特意去问一些过于浅显、简单的问题，那种问题根本就没有请教对方的必要性，对方一听就会对我们的动机产生怀疑，那样我们的请教反而会弄巧成拙。所以，在请教对方之前，我们最好先了解一下对方从事的职业、具备的能力、掌握的知识水平，然后由此出发去寻找对方可能会擅长的问题，再用这种问题去请教对方，对方就会带着愉快的心情对我们进行“指点”了。

3. 鼓励对方尽情表达

如果对方对我们请教的问题感兴趣，也愿意向我们传授知识和经验，我们就应当认真地聆听对方的话语，哪怕对方讲述的内容可能是我们所熟知的，我们也要耐着性子继续听下去，不可随意出言打断。

不仅如此，我们还应当用真诚的眼神、期待的表情以及点头赞许等动作来鼓励对方发表更多看法。一些有经验的提问高手还会在这时候特地拿出笔记本，一边聆听一边记录，看上去十分认真，这会让对方觉得非常宽慰，常常会使他表达的欲望变得更加强烈。

此外，我们在请教对方之后，还应当给予对方及时的反馈。也就是说，在对方回答完一个问题之后，我们可以顺势请教道："对于这一点，我还有些不太理解，能麻烦您再解释一下吗？"像这样用提问的方法给出反馈，能够表明我们确实认真聆听了对方的话语，同时也能够进一步满足对方的指导欲望，而且还能够保持谈话的连续性，让沟通一层一层顺利地进行下去。

用提问激发好奇心，让对方欲罢不能

好奇心是人们普遍存在的一种心理，在遇到新奇的、神秘的事物时，人们就会充满热情地去主动探究。而在沟通的时候，如果我们能够用一个有趣的问题抓住对方的好奇心，对方就会迫不及待地想要知道更多，他们就会主动地参与对话，而我们也能够借此拥有更多的话语权和发挥的空间，并最终成功地达到沟通的目的。

在下面这个案例中，一位推销员就通过提问逐渐勾起了客户的好奇心，让客户对沟通话题的态度从漠不关心变成了欲罢不能。

保险推销员杨蕾到某公司拜访一位余经理，这位余经理对保险推销比较反感，一见面就对杨蕾说："我马上要去开会，你有什么事尽快说，我只给你五分钟时间。"

杨蕾是一名经验丰富的推销员，她知道不能用和普通客户沟通的办法来和余经理沟通，于是她略思考了一下，就不慌不忙地提问道：“余经理，假如我有一辆六成新的宝马汽车想要卖给您，您愿意出多少钱？”

听到这个问题后，余经理感到非常惊讶，但他也有些好奇，想知道杨蕾这么问的目的是什么。他笑着说：“你这个人真有意思，难道你还兼职推销汽车吗？不过我可不需要什么二手汽车。”

杨蕾也笑着说：“以您的经济实力，确实不需要购买便宜的二手汽车。不过，我想再问您一个问题，假如您现在坐在一辆失控的汽车中，生命遇到了危险，我可以帮助您，但前提是您要付给我一定数额的酬金，这对您来说并不多，也就相当于一辆二手汽车的价格，那您愿意支付这些酬金吗？”

余经理这下更加好奇了，说道：“你怎么总问我这么奇怪的问题啊，不过事关我的生命，多少钱我都愿意支付。”

杨蕾连连点头道：“您说得没错，生命是无价的。所以，我建议您尽早为自己购买一份保险，好让自己获得充足的保障，更何况购买保险所费不多，完全在您的能力范围之内，您何乐而不为呢？”

杨蕾的话让余经理陷入了沉思。之后，他主动要求杨蕾给自己设计一份保险购买方案，还兴致勃勃地提了不少问题。虽然他还没有下定决心购买，却已经对保险产生了强烈的兴趣。

在上面这个案例中，保险推销员在与客户开始对话前，就已经发现客户有比较强烈的抵触情绪。在这种情况下，如果推销员像平常一样说一些直白的推销的话语，那肯定会让客户心生反感。所以，推销员决定另辟蹊径，从客户的好奇心着手，故意问了一些与销售无关的、听上去有些奇怪的问题，这反而让客户有了想听下去的欲望。之后，推销员再进行一番巧妙的引导，就能够让客户充满热情地参与到对话中了。

在日常沟通中，我们也可以尝试在提问中故意制造神秘气氛，或是问一些听上去“稀奇古怪”的问题，以激发对方的好奇心，使对方的思路能够逐渐受到我们的引导。以下就介绍一些能够激发好奇心的简便易行的提问方法：

1. 出其不意地提出问题

我们可以在和对方开始交流的时候，出其不意地突然问道：“我能问个问题吗？”由于人们总是对未知的东西充满好奇，所以当对方听到这个问题的时候，就会自动设想我们到底想要询问什么，于是他们常常会很自然地回答：“是什么问题，你说吧。”而我们就可以利用对方的好奇心一步步引导下去，使沟通逐步深入，最终就能达到我们的目的。

2. 刻意只提供部分信息

我们还可以采用“消息半掩半露”的办法去激发对方的好奇心，也就是不告诉对方全部的情况，只提供部分信息，让对方迫切想要了解更多信息，这样对方就会集中注意力认真倾听我们的话语，有时还会迫不及待地主动追问。有一位市场调查员在向上司汇报工作的时候，发现对方心不在焉，于是他就这样提问道：

“我在这次调查中发现了一个严重的问题，您知道是什么问题吗？”这个“半掩半露”的问题果然引起了上司的好奇心，上司连忙追问：“是什么问题？你具体说一说。”就这样，上司将全部的注意力都集中到了他身上。在这里，这位市场调查员采用的就是“只提供部分信息”的提问法，这种办法能够让对方充满好奇，因而能够让沟通变得更为高效。

3. 利用“独特性”“新奇性”做文章

人们往往会对新奇、独特的东西产生强烈的好奇心，我们可以利用这一点来设计自己的问题。比如，一位销售员在拜访客户时，就这样提问道：“我们公司准备推出一款新产品，这个消息业内还没有多少人知道，您要不要了解一下？看看是否会对贵公司的业务造成冲击？”客户一听说是“还没有多少人知道”的新产品，立刻产生了强烈的好奇心，而推销员又指出“新产品可能会对其业务造成冲击”，就更是让客户的好奇心被不断放大，他迫切地追问很多细节，想要深入了解这款产品。像这样的一番问答就比直接介绍新产品的特性要有效得多，因为它更能激发对方的好奇心，会给对方留下非常深刻的印象。

4. 把严重的后果先摆出来

有时为了激发对方的好奇心，我们可以先不提自己的目的，而是要摆出一些严重的后果，让对方迫切想要知道该如何解决这些问题，这样对方也会产生强烈的沟通意愿。比如，一家净水设备厂家在发给客户邮件的一开头就这样提问道：“您知道当前的水污染问题有多么严重吗？您知道污染水源会对身体健康造成什么样的影响吗？您知道经常喝高氟水、高坤水、苦咸水等不安全饮水会造成什么样的后果吗？您想知道怎样解决饮用水安全问题吗？”

大多数客户在看到这几个问题后，立刻产生了强烈的好奇心，想知道该厂家能拿出什么样的好办法解决饮用水问题。他们几乎是怀着迫切的心情读完了这封邮件，还将附件中的产品资料都认真研究了一番。之后，又有很多客户对该厂家的产品产生了强烈的兴趣，他们拨打了厂家的电话，想要咨询更多的信息，而这样的沟通也促成了不少订单。

类似这样的案例还有很多，这些真实的案例告诉我们，好奇心可以帮助我们推动沟通顺利进行，可以吸引对方积极参与到问答互动中。当然，为了达到这种效果，我们就需要在平时多多锻炼提问的技巧，才能灵活地运用巧妙的问话去激发他人的好奇心。

在提问中表达赞美之意，赢得对方好感

赞美是对一个人价值的充分肯定，每个人都有希望被赞美的需求。在获得了真诚的、打动心灵的赞美后，人们还会对赞美自己的人产生强烈的好感，与此同时，人与人之间的关系会变得更加亲密、和谐。

因此，我们应当有意地锻炼自己的赞美艺术，并要学会在提问时不露痕迹地表达出自己的赞美之意，让对方能够获得愉悦、

满足的情绪体验，这样对方就会更加愿意和我们沟通了。

赵佳是一家培训公司的业务部门负责人。这天，她来到了一家客户公司，准备和该公司的冯经理洽谈一个新的合作项目。

赵佳和冯经理不是第一次打交道了，她一见到冯经理，就笑着说道："冯经理，几个月不见，您的气色是越来越好了，您能不能给我透露点保养的窍门啊？"

冯经理虽然听出赵佳是在恭维自己，但心里还是很高兴的，就笑着回答道："赵经理你过奖了，我哪有什么窍门啊，不过是报了个健身班，每天下班后去做做锻炼罢了。你要有兴趣的话，我可以把教练介绍给你。"

赵佳连连点头道："那我先谢谢您了。对了，我收到您发过来的项目报告书了，里面有一些细节是我之前根本没想过的。我可真佩服您，工作这么忙，还能想到这么多好点子，您是怎么做到这一点的呢？"

赵佳的赞美说到了冯经理的心坎上，他更开心了，对赵佳说："你也觉得这些方案不错啊，那我就没有白辛苦了……"见冯经理的情绪很高，赵佳就婉转地提出了自己的一些意见，虽然和冯经理的想法有一些出入，但冯经理却听得很认真，而且还主动接受了赵佳的修改建议。之后他们越谈越投机，很快就敲定了方案的细节，并定好了签约的时间……

赵佳在与合作对象沟通时，没有直来直去地提出不同意见，而是采用了赞美式的提问来打开局面。在提问中，她将自己对对方的欣赏、赞许之意巧妙地表达了出来，让对方听得入耳入心，对赵佳也产生了更多好感。

我们在平时的沟通中，也可以尝试使用这种赞美式的提问法，这能够减少我们与沟通对象之间的距离感，还会让沟通氛围变得更加和谐、融洽。不过，想要让赞美式的提问法发挥出最佳的效果，就要注意以下几个要点：

1. 赞美必须实事求是

想要在提问中表达赞美之意，首先要注意赞美的内容必须真实，不能有过分夸大的成分，更不能有刻意编造的成分，否则对方听到我们的问话后不但不会受到触动，反而会觉得反感，之后的沟通就会遇到不少阻力。所以，我们一定要在实事求是的基础上去赞美对方、向对方提问，可以对对方进行适度的抬高，但应掌握好尺度，切忌浮夸。

2. 赞美必须具体、生动

如果要在提问中赞美对方，就要注意使用具体的、生动的语言，说清楚对方值得我们赞美的理由，这样才能得到对方的认同。比如，一位实习厨师就这样向自己的师傅——一位经验丰富的大厨提问道：“师傅，您在煲汤时火候掌握得恰如其分，调味更是独具特色，我学着您的样子做了几次，就是做不出这个味道，您能稍微指点我两招吗？”在这里，实习厨师的赞美就非常具体明确，会让对方觉得真诚、贴切，对方就会愿意指点他的厨艺。我们不妨想象一下，如果实习厨师在赞美时只说了一句空泛的“您的汤烧得真好”，肯定就达不到这样的效果了。所以，我们一定要赞美得具体一些，才能让话语深入人心。

3. 赞美要有特色

我们还可以尽量去寻找对方身上一些不为人知的闪光点，然后从这些闪光点出发去进行赞美式的提问，就会让对方的感受更为深刻，并会让对方感到十分愉悦。比如，对方是一名学术界精英，经常听到人们赞美自己“知识渊博”“学术能力极强”，他对这类词语已经产生了“审美疲劳”，那我们再赞美对方的时候就可以另辟蹊径，去赞美对方不凡的着装品位、独特的艺术审美、高尚的道德情操，等等。这样赞美就不会落入俗套，会让对方产生眼前一亮的效果。

有一名记者在采访一位知名的电影明星的时候，提出了这样一个问题：“很多人都因为您高超的演技而崇拜您，我却认为您的善心更值得歌颂。我听说您捐赠的第100所希望小学已经竣工了，我想请问，是什么力量支持着您去完成这样的壮举呢？”

这个问题一出口，电影明星的脸上就露出了真诚、开心的笑容，他用饱含深情的声音说道：“非常感谢您对我的认可。慈善事业是我一生最大的成就，当我看到那些可爱的孩子们坐在明亮的教室里，脸上带着纯真的笑容的时候，我觉得自己非常幸福，也非常自豪，这种感觉甚至比我拿到影帝奖项还要让我高兴。这就是我最大的动力，我会一直这么做下去，争取再多创办几所希望小学。”

这名记者可谓是掌握了赞美的真谛，他没有像其他人那样去赞美明星的演技、赞美明星的外貌，而是找到了一个独特的角度，去极力地赞美明星的善心。这个问题让明星感触良多，也让明星由衷地说出了内心的感受，使采访获得了非常理想的结果。

我们不妨多学习一些这样的成功提问，并认真领会其精髓，从而能够巧妙地将赞美融入提问中，与对方开始沟通。比如，我们可以像这样提问对方："我有幸听过您的演讲，您的风采让我深深倾倒，请问我该怎样训练才能达到您这样的水平呢？"听到如此动听的提问的话语后，对方自然会感到十分欣慰，也会愿意把自己的经验分享给我们。之后我们再抓住时间询问对方更多的问题，就能够产生事半功倍的沟通效果了。

用提问代替批评，使人主动认错

在沟通中，我们常常会遇到家人、同事、朋友出现这样或那样失误的情况，在这种情况下，我们可以对其进行适当的批评，但一定要注意避免使用直言不讳的否定式语句。比如，"你这样做是不对的""你的想法是错误的"这种不考虑对方感受的批评话语会严重刺伤对方的自尊心，很有可能会让对方恼羞成怒，进而会引发很多不必要的矛盾。

因此，我们要学会委婉的批评方式，而提问式的批评就可以让直来直去的话语变得更加含蓄、动听，也更容易被对方接受。

如果我们能够把问题问到对方的心坎上，就更会让对方被深深打动，对方会明白我们的良苦用心，也会愿意主动认错，这样的批评才能产生应有的作用。

一家化妆品公司准备进行一次大型的新妆试用活动，总经理沙丽女士对此次活动非常重视，亲自来到了现场，想看看员工准备的情况。当她走进展厅时，看到一名主管正在厉声斥责一名年轻的美容师。原来这位美容师因为粗心大意弄脏了自己的化妆箱，让主管很是生气，主管当着众人的面批评道："你是怎么回事？连这么点儿小事都处理不好！公司的形象都让你败坏了！太不像话了！"美容师听着这些不留丝毫情面的话语，脸色变得非常难看，拳头也捏得紧紧的，似乎马上就要发作。

就在这个时候，沙丽女士走了过来，她用严肃的语气对那位主管说："请不要当众批评员工，有什么问题应当心平气和地讲，不能随意出口伤人。"接着，沙丽女士又把那位美容师带到了一个没人的角落，用温和的语气对她说："我们的职业是美容，所以，无论何时何地都应该给顾客留下一个干净整洁的好印象，你说对吗？"

美容师其实早就为自己的失误感到后悔了，只是因为主管的话太刺耳，才让她产生了强烈的抵触心理，现在听了沙丽女士温和的问话后，她内心的防线松动了，不由自主地回答道："对！"

沙丽女士又问道："假如你就是要出席今天这场活动的贵宾，你挑选了一位美容师，想请她给自己画一个漂亮的妆容，结果却看到她的化妆箱上全是污渍，你会怎么想？”

美容师惭愧地低下了头，半晌，她主动认错道：“对不起，总经理，因为我的疏忽影响了公司的形象，我现在就去清理，以后我保证再也不会犯这样的错误了。”

同样是批评，却产生了截然不同的效果。主管当众对犯错误的美容师大加训斥，伤害了她的情感和尊严，险些引发不必要的矛盾；而总经理则选择在私下场合用提问的方法启发美容师进行反思，这样的批评更加婉转，也维护了美容师的“颜面”，让她感激万分。因而她会心甘情愿地承认错误，并会在今后严格要求自己，以此来回报总经理对自己的尊重。

我们如果想要批评他人的过失，就应当向这位总经理学习，要学会“以提问代替批评”。因为，人们都是有逆反心理的，如果遭到他人劈头盖脸的一番训斥，内心的自我保护意识就会陡然增强，此时人们不但不会思考自己的过失，反而会心生不忿，在心中不停地埋怨批评自己的人没有礼貌、不懂得尊重他人。

因此，想要让对方在认识到自己错误的同时，又不会产生其他的负面情绪，我们就要把批评的话语说得婉转动听，像“你不应该这样做”“你又弄错了”之类的批评语句就完全可以替换为“也许这样做，效果会好一点儿，你觉得呢？”“我觉得这里有点儿问题，你能不能再帮我确定一下？”这些问句虽然也是在指出对方的问题，可听上去更加委婉，不会刺伤对方的自尊心，而且还带有建议、商榷的语气，对方一听就会明白我们的提问是善意的，那他们就会主动思考自己身上存在的问题，并会从我们的问话中得到一些有益的启发。如此一来，我们的批评也才能够真正落到实处。

提问后用心倾听，把“表演”的机会留给对方

在提问之后，我们要学会用心倾听，因为只有这样，我们才能准确地把握和领悟对方的真正用意，并会知道用什么样的话语才能巧妙应对。而且专心倾听还会让对方有一种被尊重、被重视的感觉，所以对方在回答问题时也会变得更加积极、热情。

著名的节目主持人鲁豫就是一位善于提问和倾听的沟通高手。她主持的访谈类栏目《鲁豫有约》之所以受到观众的强烈欢迎，就是因为她能够很好地把握“问与听”的分寸。

每次与嘉宾开始交流时，鲁豫会提出一个精心准备好的问题，这个问题往往也是嘉宾一直在关注和思考的问题，他们会不由自主地打开“话匣子”，尽情地讲述起来。在嘉宾诉说自己的故事和感受的时候，鲁豫就会静静地坐在一旁，聚精会神地倾听着，她的倾听对嘉宾来说是一种最好的鼓励，常常会让他们吐露出很多肺腑之言，电视机前的观众也会被他们的话语深深打动。

有一次，鲁豫请来了著名学者易中天，因为易中天的电视讲座节目很受欢迎，鲁豫就针对这一点发问道：“易老师，您的讲

座每次都要讲七八千字，需要提前准备好讲稿吗？您有这么多年的授课经验，（电视讲座）讲起来应该不难吧？”

这个问题看似简单，却触动了易中天独特的内心感受，激发了他的诉说欲望,而且鲁豫还巧妙地用“应该不难吧”来进行“激将”，更是让易中天滔滔不绝地诉起“苦”来。鲁豫则始终专注地看着易中天，她的身体微微前倾，在认真倾听的同时，不时地对易中天微笑、点头，还经常用“对”“没错”“真好”之类的简短言语做出一些积极的回应。在整个访谈过程中，她把握住了自己作为提问者和倾听者的角色，推动着谈话的深入开展。

鲁豫的访谈经验告诉我们，好的提问者，必须首先是一个好的倾听者。因为认真、真诚的倾听是沟通了解的前提，也是问答环节中必不可少的组成部分。遗憾的是，我们常常会误以为倾听是世界上最简单的事情，所以没有给予足够的重视，导致倾听的效果很不理想。

银行职员小鲁经人介绍，准备和一位小学女教师小冯相亲见面，相亲的地点是当地一家环境幽雅的餐厅。

当天小鲁来到餐厅的时候，小冯已经在那里等候了，两人简单寒暄了几句后，小鲁对这个文雅大方的女孩印象很不错。为了给小冯也留下好印象，小鲁表现得非常活跃，主动向小冯提问：“您在学校担任哪个科目的老师呢？”

小冯微笑着说：“我现在主要负责三年级的数学科目，除此以外，还有一些别的工作……”

小冯还没说完，小鲁就迫不及待地打断了她，自顾自地介绍起了自己的情况：“我忘了跟你介绍了，我现在在银行担任风险经理，要说起我这一块的业务啊，那可真是说来话长……”

小鲁滔滔不绝地讲述起来，小冯却有些不高兴了，不过她并没有表现出自己的不满，而是礼貌地倾听着小鲁那些工作中的琐事，并不时配合地微笑一下。

小鲁却以为小冯对自己的话很感兴趣，于是更是一发不可收拾，从自己刚进公司开始一直讲到了最近的升职。小冯早就听得不耐烦了，故意轻咳了几声，想提醒小鲁收敛一下。

小鲁这才觉得自己表现得过于兴奋了，他连忙向小冯道歉，然后向小冯提问道：“我听介绍人说你特别喜欢看电影，不知道你最爱看哪个类型的影片呢？”

这个话题倒是让小冯产生了几分兴趣，她回答道：“我比较喜欢文艺片，特别是那种画风唯美、音乐动人的影片，我总是百看不厌……”

心急的小鲁又一次打断了小冯：“文艺片我可看不进去，节奏太慢了。我喜欢大制作的动作片、科幻片，比如说……”

小鲁喋喋不休地讲述着，小冯已经彻底失去耐性了，她看了看表，对小鲁说：“很高兴和你见面，不过我刚想起来还有一些工作没有完成，我先回去了，再见！”

说完小冯转身要走，小鲁提出想要送送她，却被她拒绝了。几天后，小鲁给小冯发微信，想约她出来见面，结果却发现自己的微信已经被小冯拉黑了……

小鲁为什么会被小冯拒绝呢？原因很简单，就是因为小鲁在提问后没有做好倾听的工作，他总是只顾着将自己的事情一吐为快，却没有给小冯留下“表演”的机会，让小冯感觉他很不礼貌，也不懂得尊重他人。

其实小鲁想要博得小冯的好感的话，只要转变自己的角色，让自己从倾诉者变成倾听者，在提出问题后用心听取小冯的答案，并表示出对小冯的理解，如此一来，事情的结果肯定会大不一样。

从这个故事中，我们应该得到一些启发和教训，要在今后更加重视倾听的作用，而不能像小鲁一样，把提问互动变成了自我表演的“独角戏”。

当然，倾听也是需要技巧的，并且还需要我们放下自己先前抱有的成见与观点，才有可能听到点子上。为此，我们需要注意以下几点：

1. 倾听的时候要用心

在倾听他人的话语时，最忌讳的就是外表看上去好像在听，但实际上根本没有用心去接收和评估对方提供的信息，以至于把对方的意见和看法当成了“耳旁风”，然后自顾自地发表自己的想法。这种“倾听”是没有丝毫价值的，会让对方感觉自己在做无用功，对方也会有被忽视、被轻视的感觉，严重时对方会产生强烈的不满，并会引发不必要的人际矛盾。

为了避免出现这样的结果，我们在倾听的时候应当集中注意力，全心全意地去凝神倾听对方所说的每一句话，而不要心不在焉地想一些与当前的沟通情境无关的问题。

2. 要表现出“积极参与”的姿态

在倾听他人回答的过程中，我们可以从身体姿势上表现出自己想要“积极参与”，这会让对方有受到鼓励的感觉，对方不但会愿意说出更多信息，还会对我们产生更多好感。所以，我们可以像鲁豫这样，采用一种微微前倾的身体姿态，使对方认为我们对他所说的话语很感兴趣；与此同时，我们还可以略微展开双臂，并放松身体，做出一种包容和接纳的姿态，这会让对方在倾诉时感觉更加放松。

我们还要注意不能将双手交叉抱于胸前或是身体后仰、紧贴座位，这些都是防御性较强的姿态，会让对方认为我们态度冷漠、不够积极，对方继续倾诉的积极性就会大受影响。

3. 给予对方必要的回应

在倾听时，我们可以通过点头的动作、微笑的表情来给予对方回应，也可以用一些带着关心、赞许之意的简短回应来表示自己的态度，像“嗯”“没错”“你说得很有道理”等肯定性短语可以让对方明白我们对他所说的话语是支持的、赞成的，这会让对方的自尊心得到满足，也会推动他说出更多信息。

有时如果对方的话语让我们很感兴趣，我们还可以进一步提问：“关于这个问题，您还能多给我讲讲吗？”这个问题更能够让对方体会到我们对他的重视之情，会让对方对我们生出许多好感。之后我们再向对方提出新的问题，对方也不会感觉不耐烦，而是会认真作答。

4. 在对方诉说时不要随意插嘴

英国哲学家弗兰西斯·培根说：“打断别人，乱插嘴的人，甚至比发言冗长者更令人讨厌。”的确，随意打断他人说话是一种非常不礼貌的行为，会让说话的人感觉受到了冒犯。所以，我们一定要学会控制自己想插嘴的冲动，如果在提问之后，对对方的回答不能认同，也不要急于发表意见，而应给对方提供一个“表演”的机会。等对方说完之后，我们就可以从容地发表自己的见解，这样既不会打断对方的思路，又不会让对方产生反感。

5. 设置适合倾听的环境

为了更好地倾听对方的回答而不会受到不必要的打扰，我们应当征求对方的同意，提前设置好适合沟通和倾听的环境。这样的环境应当非常安静，周围没有人流、车流制造的喧嚣，像是公园、咖啡厅、私人办公室等都可以成为不错的选择。另外，在对方开始讲述前，我们最好能够将电话、手机设置为静音，以免中途受到来电打扰而影响了对方的思路。准备好这样的环境后，我们就可以更好地倾听对方，而对方也会有一种受到尊重的感觉，会更加乐于讲出自己的心声。

此外，我们在倾听对方的回答时还要学会“放空”自己，也就是要暂时忘记自己的立场、观点、情绪等，这样才能保持平和的心态，并可以全神贯注于倾听本身，才能让自己听得更多、更加深入，问答沟通的效果也才会更加理想。

复述并提问，引导进一步互动

在倾听完对方的回答之后，我们还可以采用复述并提问的方法来引导对方进行进一步的互动。这种复述并不是机械性地重复对方所说的每一个字词，而是要选择对方回答中比较重要的、关键的信息进行复述，再顺势提问。这不仅能够更好地引导对方的思路，还能让对方感觉到我们非常重视他所说的话语，对方会因此信心大增，也就会愿意讲出更多的信息。

一天，一位愁容满面的母亲走进了某中学心理辅导老师的办公室。在一番寒暄之后，这位母亲道出了自己的来意："陈老师，我觉得我女儿最近有些奇怪！"

陈老师脸上的表情也变得凝重起来，他马上用复述并提问的办法回应道："是吗？有些奇怪？"

陈老师的回应让这位母亲感受到了鼓励，她一边回忆一边讲述起来："以前她放学回来总是喜欢跟我聊聊在学校里遇到的事情，我们一直有说有笑的，可最近她却显得闷闷不乐，我问她怎么了，她总是摇头，什么都不肯说。这两天她干脆把自己关在卧室里，连吃饭的时间也不肯出来。"

陈老师抓住了母亲话语中的重点，再次重复道："把自己关在房间里？"

母亲的思路受到了影响，很自然地说到了房间的事情："是的，她很喜欢躲在房间里写日记，写好后还锁在抽屉里不让我看。"

陈老师立刻重复道："不让看的日记？"

母亲露出了气愤的表情："是的，我觉得她肯定是早恋了，可是我怎么问她，她都不承认。最近她的学习成绩也下滑得厉害……"

等母亲讲完后，陈老师点点头，但这次没有再重复，而是说："您先别着急，我大概明白情况了，我需要先和您的女儿谈一谈，看看她不愿意告诉您的到底是什么问题……"

这位心理辅导老师在问答互动中就采用了复述并提问的办法，他会重复对方所说的部分话语，并加上一些表示疑问的词语，再向对方发问，这样能够激发对方的表达欲望，同时还能对对方的思路起到合理的引导作用。与此同时，对方也会认为老师正在诚恳地听自己诉说，所以她才会毫无顾忌地敞开心扉，将自己了解到的一切情况如实相告。

我们在进行提问互动的时候也可以效仿这位老师的做法，用适当的重复去引出对方更多的话语，使对方在沟通中表现得更加积极、主动。为此，我们可以从以下几点做起：

1. 复述比较重要的信息后提问

如果我们在提问后，从对方口中听到了比较重要的信息，这时我们就可以进行适当的重复。这样一方面能够告诉对方我们一直在认真地倾听，思想没有开小差；另一方面也便于提醒对方注意这些关键性的信息。因为,沟通往往是“说者无心,听者有意”的,可能对方也没有意识到自己在无意中回答到了问题的重点，经我们复述并提问后，对方常会有恍然大悟的感觉，之后他的回答就会更接近问题的关键了。

2. 复述可能存在疑问的信息后提问

如果对方在回答中提供的信息过多，并且其中包含人名、日期、地点、数字等非常容易出现错漏的信息，我们也应当进行复述、提问的工作，以便提醒对方核实信息是否准确，这样也能够避免很多不必要的误解。比如，一位销售员在与客户沟通时，客户口头下了订单，想把一批货物发往“湖州”，销售员连忙重复了一遍:“是浙江湖州吗？”客户立刻摇头，说自己想说的是“福建福州”，只是因为口齿不清才把“福”说成了“胡”。幸好有经验的销售员注意复述对方的信息并提问，这才避免了给双方造成不必要的损失。

3. 复述时加入疑问语气，促进对方进一步陈述

如果对方讲述的内容是我们不能赞同的，或是有明显的漏洞和谬误，我们也可以用复述的办法来提醒其注意，不过在复述话语的同时应当加上上升的语调和疑问的语气，使对方意识到我们已经发现了问题，他们就会想办法改正或进行进一步的解释。比如，一位员工抄袭了同事的方案却不承认，自述说自己只是借鉴了同事提出的几个观点，负责调查此事的主管便用疑问的语气复述道：“只借鉴了几个观点？”这名员工一听就慌乱起来，本能地猜测主管可能已经掌握了一些内情，于是他赶紧为自己解释，还说出了很多之前不肯交代的细节，也让整件事的线索变得更加明朗。

4. 复述之后引入一个新问题

复述还可以起到衔接新问题的作用，能够非常自然地引导对方的思维，使对方在刚才所说的信息基础上进行进一步的思考，这会让对方的思路变得更加清晰。比如，一名记者在采访一位企业家时这样提问道："贵公司的主打产品目前的售价是多少？"对方回答道："定价为 1599 元，实际售价在 1300~1500 元之间。"记者顺势重复道："实际售价在 1300~1500 元之间，这与研发时估计的价格还是有距离的，对吗？"对方听到这个问题后，表情马上变得苦恼起来，不由自主地倾诉道："这正是让我们烦恼的地方，我们一直渴望成为高端品牌，可惜实际的市场认可度却并不如我们所愿……"在这里，记者就通过复述并引入新问题的办法，巧妙地控制着问答的方向，也让对方产生了回答的兴致，愿意将心中所想尽情吐露。

由此可见，在与人打交道的过程中，我们需要有技巧地复述对方的话语并合理提问。这种方法如果用得好，就会让问答互动起到事半功倍的效果。

第七章

掌握提问分寸，避免踏入雷区

不想惹恼对方，提问时就要避开对方的隐私

提问的目的是想要得到对方的回答，并从中获取更多有价值的信息。因此，我们在提问时一定要注意采取对方乐于接受的方式，这样对方才会愿意配合我们的提问，并给出积极的答复。不过有的提问者在提问时常常会忽略对方的感受，会毫不避讳地向对方提一些涉及个人隐私的问题，这样不但会显得很不礼貌，还会让对方有一种被冒犯的感觉，会让对方产生不少抵触情绪，也会让正常的沟通无法再顺利地进行下去。

研究所的一位女科学家吴女士因为一项重大研究获得了一个国际性的学术大奖，这个消息在新闻界引起了强烈的轰动。很多记者都希望能够采访吴女士，但是她工作实在繁忙，根本抽不出时间来应付记者，所以便通过单位宣称不接受外界的访问。

接到这个通知后，很多记者都失望而归，只有一位年轻的记者小秦始终不肯死心。他想尽办法在研究所外蹲守，终于等到了吴女士外出，并获得了与吴女士面谈 10 分钟的机会。由于时间短暂，小秦有些紧张，之前准备好的一些问题一时都想不起来了，于是他只好随便找了个问题问道："吴女士，请问您毕业于哪所大学？"没想到这个问题一出口，吴女士的脸色就变得有些严峻了，她有点不高兴地回答："我没有上过大学，我是靠自学取得

了今天的成就。”小秦自觉失言，连连对吴女士说对不起。虽然吴女士没有多说什么，但小秦还是觉得更加紧张了。

为了缓和气氛，小秦决定问一个“温馨”的问题转移一下话题，于是他对吴女士问道：“吴女士，请问您的孩子多大了，在哪儿上学？”谁知吴女士对于这个问题更加抵触，她皱着眉头说：“我早已决心献身于科研事业，所以一直没有成家，也没有孩子。我感到很奇怪，你们记者为什么不问我一些专业性的问题，倒是总揪着我的隐私不放。既然你没有别的问题好问，今天我们就谈到这里吧，我还要工作，再见！”

吴女士毫不客气地下了“逐客令”，小秦也不好再多说什么，只好遗憾地看着吴女士离去……

在这个案例中，我们可以看到，记者通过努力获得了一次来之不易的采访机会，可就是因为没能注意提问的分寸，触犯了采访对象的个人隐私，结果惹怒了对方，造成了采访的失败。

由此可见，我们在提问时一定要注意尊重对方的隐私，对于那些属于个人私事、不愿为他人公开或知悉的“敏感性”问题，我们应当尽量避免提及，以免让对方产生不舒服的感觉。

一般而言，在提问的时候，有以下几种涉及个人隐私的问题，我们应当谨慎提问：

1. 关于收入与个人财富的问题

个人的收入和财富情况属于隐私的一部分，是不能随意打听的。因为收入高低、财富多寡往往涉及个人的能力、职位、经历、行业、制度公平性等多种复杂的因素，人们很不喜欢将这类信息暴露于人前，更不愿意被他人在这方面指指点点，将收入与个人能力画上等号。所以，我们在提问时就应当礼貌地避开这类与个人经济状况直接相连的问题。同样，对方的纳税数额、存款多少、房产情况等与个人收入和财富有关的问题也不宜在提问时触及。

2. 关于个人婚恋家庭情况的问题

如果我们与提问的对象并不熟悉，就不宜问一些与其恋爱、婚姻、孩子、家庭等有关的问题，因为这类问题属于私生活范畴，并不适合与陌生人及关系不亲近的人去进行探究。事实上，就算是密友、亲戚、熟人，在询问这类问题时也应当非常谨慎。如果我们贸然开口向对方提问："你为什么还不找对象？""你家婆媳关系怎样？""你们怎么还不生孩子？"这样的私人问题，就会让人感到非常厌恶，严重时还可能会影响到彼此之间的人际关系。

3. 关于个人身体健康状况的问题

一般人们在日常沟通时，可能会很自然地询问一些与身体健康有关的问题，以表达自己对对方的关心。可是我们也应当意识到，健康状况也属于一种个人隐私信息，不宜随意谈论。特别是很多身体欠安的人其实并不喜欢总是被他人询问："你现在在吃什么药？""你身体感觉怎么样？"因为这种提问反而会加重他们的心理负担，让他们感觉身体更不舒服，所以我们在提问时要注意不能过多地关注他人的健康状况。

4. 关于个人既往经历的问题

俗话说，“英雄莫问出处”，就是说我们不应过多地探寻别人过去的一些经历，像对方原生家庭的一些情况，青少年时求学的一些经历，事业成功前的一些工作经历，等等。这些都是带有隐私性质的经历，其中一些往事可能对方并不想公之于众。所以，如果我们发现对方不愿意将这些事情拿出来分享的话，就不要过多地纠缠于此，更不能“打破砂锅问到底”，否则也会让对方感觉受到了冒犯，会让交流变得很不愉快。

5. 关于个人年龄的问题

有些女性和上年纪的人对自己的年龄问题比较敏感，轻易不愿告知于人。这种情况在国外更是普遍，很多不服老的人不仅把自己的实际年龄视为“秘密”，而且也不愿意被他人称为“老人家”“老先生”“老太太”等，所以除非有特殊的需要，我们在提问时最好不要直白地问：“您多大了？”以免给他人留下不礼貌、不体贴的坏印象。

除了上述几种隐私问题外，我们还应当注意到，由于特定的提问对象可能有特殊的生活、工作经历，所以一些看似比较平常的个人问题，对于某些提问对象来说却会比较敏感。因此，我们在提问时要避免想当然，不能随口发问，以免误触“雷区”。为了避免不慎问错问题得罪对方，我们应当在提问的准备阶段多收集一些与提问对象有关的信息，这样对于哪些问题不适合提问就能够做到心中有数了。

提问不是人身攻击，要给人留点面子

常言道："良言一句三冬暖，恶语伤人六月寒"，这就是在告诉我们，与人沟通时一定要多说善意的话、温暖的话，不能说恶意的话、伤人的话。而在提问的时候，我们同样要注意好好说话，切忌有意或无意地在问话中流露出攻击对方、贬低对方的意思，否则我们的提问不但不会得到对方的回答，还容易引起对方的怨恨。

在下面这个生活中非常常见的情景中，一对夫妻就是因为向对方提出了带有人身攻击性质的问题，才陷入了无休无止的争执中。

一对夫妻从外地旅游归来，在抵达机场的时候，丈夫忽然发现自己的钱包不见了。那只钱包里不仅有几千元现金，还装有丈夫的证件、银行卡等。丈夫十分着急，连忙联系工作人员帮助自己寻找钱包。

妻子看到丈夫心急火燎的样子，不但没有安慰他，还叉着腰气呼呼地数落起来："我就没见过像你这么笨的人！一个30多岁的大男人，怎么还能把钱包搞丢呢？钱丢了还是小事，银行卡、信用卡、身份证你都放在一起，这得怎么补办啊？你这人怎么一点常识都没有？"

妻子的声音十分响亮，再加上肢体动作也很夸张，很快就吸引了周围所有人的注意，大家都把异样的眼光投向了这里，丈夫的脸色也变得越来越难看了。终于，丈夫实在受不了妻子的“人身攻击”了，他愤怒地大叫道：“你有完没完？我是故意丢钱包的吗？本来就够心烦的了，你还唠叨个不停，唠叨就能把钱包找回来吗？我就没见过像你这么烦的女人！”

丈夫的这一串问题简直像捅了“马蜂窝”一般，刹那间，妻子发出了刺耳的哭喊，接着又对着丈夫怒吼起来。夫妻俩你一言我一语，越吵越厉害，也引来了很多人的围观……

在这个案例中，我们可以看到，夫妻俩遇到的本来只是一个小麻烦，可在妻子提出了攻击性的问题后，事情的性质就发生了变化。妻子在问题中发泄着自己对丈夫的抱怨和不满，将丈夫的过错不断放大，让丈夫恼羞成怒，使其用同样的方式进行了“反击”，从而使得事态不断升级，最终变得一发而不可收。

其实，这一切本来是可以避免的，只要双方都能够学会照顾对方的感受，并能够改变在提问时喜欢进行人身攻击的坏习惯，就能阻止很多不必要的矛盾发生。但是在现实中，我们会发现做到这一点并不容易，因为我们可能已经习惯使用能让自己感觉轻松、舒服的方式去提问、交流，却很少会想到对方是否会因为我们无意中流露出的负面态度而感觉受到了伤害。更糟糕的是，我们还常常忘记自己应当就事论事，所以常常会通过一些小事很随便地对他人做出不好的评价，进而就会肆意地对对方进行人身攻击。

比如，一位母亲看到上高中的女儿正在看一本文学读物，就马上这样提问道："又看闲书！整天就知道做这些没有意义的事情，怎么就不知道在学习上多花些心思呢？"在这里，这位母亲在提问时就没有做到就事论事，她仅仅通过自己看到女儿在"读闲书"这件小事就轻率地得出了"她学习不用心"的结论，进而问出了会伤害女儿人格和感情的问题。假如她能够稍微考虑一下女儿的心理感受，就不会犯这样的错误，而是可以改用截然不同的方式来提问："你现在学习很忙，看闲书会耽误时间，你能先完成学习任务，再用闲暇时间看书吗？"像这样的问话带有商量的性质，也体现出母亲愿意与女儿平等沟通的态度，因而更容易让女儿接受。

我们在平时提问的时候，应当多进行这样的思考，要学会就事论事去提问，不要乱给别人"扣帽子"。也不能为了从气势上压倒对方，就故意在问话中夹杂一些贬低对方的人品、能力、形象、家庭背景、经济实力的话语。

我们必须在提问时注意分寸，多给别人留点面子，照顾到别人的自尊心，同时还要让自己多一些包容心。这样才能避免感情用事，也能够大大减少提问时的攻击性，这会让我们的人际关系变得更加和谐融洽。

提问不揭短，对方的痛处是"禁区"

每个人都有不同的成长、生活、交往经历，也都有各自的缺点、短处，这些“痛处”往往会成为人们最不愿被提及的“禁区”。因此，我们在平时提问的时候一定要把握好分寸，千万不要随意触碰别人的“禁区”，更不能在公共场合通过提问对他人当众“揭短”，否则难免会触怒对方，更会为自己招来很多麻烦。

刘茜是一个非常热心的女孩，对身边的朋友、同事都非常关心。可由于她没有掌握提问的分寸，经常会不小心问出一些让人难堪的问题，也因此得罪了不少人。

一天，刘茜听说财务部的佳佳最近正准备和丈夫离婚，心情很不好。中午在食堂见到佳佳的时候，刘茜就带着关切的表情问道：“佳佳，你最近家里还好吧？”佳佳本来还面带笑容，一听到刘茜的问话后，笑容就从脸上消失了。站在附近的几个同事不了解内情，听到了刘茜的问话后，也跟着附和道：“佳佳，你家里到底出了什么事啊？”

大家你一言我一语地问着，佳佳的脸色却越来越难看了。她气冲冲地瞪着“始作俑者”刘茜，冷冷地说：“你这个人可真讨厌！你就这么喜欢管闲事吗？”说完，佳佳转身离开了，刘茜被“晾”在原地，感觉十分尴尬。

从那以后，佳佳一看到刘茜，总是扭头就走，再也不像过去那样和她有说有笑了。刘茜心中很是难过，却不知道该如何补救。

刘茜没有把握好分寸，提了一个非常不妥当的问题。虽然她的本意是想表达自己对对方的关心，可在对方看来，刘茜的提问更像是一种嘲讽、一种怜悯，让对方无法接受。更糟糕的是，刘茜还当着众人的面询问对方的伤心事，让对方有一种“伤疤”“痛处”被公开展览的感觉，对方自然会感到十分气愤。

在日常生活中，像刘茜这样在提问时口无遮拦的人也并不少见，她们没有什么“忌讳”的心理，也不懂得尊重对方的“面子”和情感需要，常常会用一句句看似无意的提问刺痛他人的心灵，最终也为自己招来他人的反感、厌恶。

为了避免出现这样的负面结果，我们在提问时就要格外审慎，对别人的短处、缺陷、伤心事避而不问。这不光是一种为人处世的技巧，还能够彰显出一个人是否具有足够的情商和同理心。

那么，在提问时有哪些“禁区”是我们不能碰触的呢？

1. 对方的生理缺陷

生理缺陷常常是一个人最大的“痛处”所在，我们在提问时应当尽力回避这方面的问题，除非对方主动提及，否则我们都不能询问这方面的问题。所以，我们千万不能为了满足自己的好奇心，就肆无忌惮地逼问对方“脸上为什么有疤痕”“说话为什么口齿不清”“为什么一只眼睛会斜视”等，这会让对方感觉受到了很大的冒犯，也很容易酿成矛盾或纠纷。

2. 对方的不足、短处

每个人都有长处和短处，也都有自己的虚荣心，不喜欢总被提到不如他人的地方。所以，我们在提问的时候应当尽量避免直指别人的短处。比如，不能向成绩不好的人提问其考试分数如何，也不能向工作不如意的人提问他们最近是否获得了晋升，这种“哪壶不开提哪壶”的问题很容易刺伤他人的自尊心，也会为我们招来不少怨恨。

3. 对方的伤心往事

没有谁的人生会是一帆风顺的，很多人都会有一段不愿被提及的伤心往事，比如身世不幸、感情或家庭破裂、入狱服刑、经营失败、被他人欺骗而遭受经济损失等。对于这些敏感的话题，我们千万不能明知故问，以免勾起对方痛苦的回忆，让沟通陷入僵局。

4. 对方的失误之处

俗话说：“金无足赤，人无完人”，每个人都难以避免出现失误。在这种时候，对方的心情本来已经十分沮丧、低落，我们就更不应当问一些不恰当的问题来刺激对方，否则只会让对方觉得我们为人刻薄、不会说话。

有一位优秀的短跑运动员在一次重大赛事上因为失误只得到了亚军，没有获得冠军。赛后记者却提问了这样的问题：“听说您马上就要参加国际大赛了，有没有信心再拿个亚军？”运动员一听到这句问话，就认为记者是抱着幸灾乐祸的心理在故意讽刺自己，于是他当场就对记者进行了一番抢白，让记者十分尴尬。在这里，记者就是没有考虑到对方的心情，随意触碰对方心中的“禁区”，才引发了不良的后果。

这也提醒了我们，在提问时一定要学会体谅他人，不要当众揭人之短，也不要在他人的伤口上“撒盐”。如果因为一时不慎踏入了“禁区”，问出了会惹怒他人的问题，我们就要及时采取措施进行补救。比如，我们可以用真诚的话语向对方解释自己并没有恶意，并要反复强调自己所说的都是“无心之语”。如果对方不肯原谅，我们还可以采用自嘲的办法，对着自己身上的某个缺点尽情调侃，这样既能够缓和沟通气氛，又能让对方获得一种心理“补偿”，对方在付之一笑后，也就不会对我们之前的冒犯之语耿耿于怀了。

会引发争议的问题，应当谨慎地问

在与人沟通的时候，我们常常会用提问的方式来打破僵局、增进互动，促进沟通各方的相互了解，这样往往也能够产生不错的效果。不过，我们要注意问题是不能随意乱提的，如果不清楚他人的立场，就贸然提出一些带有争议性的问题，那就难免会引发矛盾和冲突，也会将自己置于尴尬的境地。

小汤和几名大学同学相约在饭店聚会，在大家觥筹交错、酒酣耳热之际，小汤谈起了自己刚刚看过的一部电影，还对大家说：“这部电影在网上的评分很高，可实际效果却非常一般，我看完后非常失望。特别是扮演男主角的××，我觉得他根本就不会演戏，你们说呢？”

小汤的本意是想谈论一下轻松的话题，顺便活跃下气氛，哪知道在场的同学中有一位恰好是那位男演员的忠实粉丝，他听到小汤的一番点评后，自然很不服气，马上争辩道：“××可是得过国际大奖的，他的演技有目共睹，我看你是欣赏能力有限吧？”

小汤一听，顿时不乐意了，和这位同学激烈地争论起来，两人辩得面红耳赤、唾沫四溅，可就是说服不了对方。其他人纷纷劝说，可就是劝不住他们，一时间，大家都觉得非常尴尬。

没过一会儿，那位同学因为过于气愤，连招呼都没跟大家打，就提前离席了。小汤也渐渐地冷静了下来，这时候他才觉得有些后悔，本来同学们难得聚在一起联络一下感情，应该聊一些开心愉快的事情，可自己却口无遮拦地乱提问题，引起了争议，把快乐温馨的聚会氛围彻底破坏了……

小汤没有掌握好提问的分寸，问出了带有争议性质的问题——在无意中批评了同学最喜爱的演员，结果引发了一场无谓的争论，既伤害了同学的感情，也破坏了沟通的氛围，更影响了自己与同学之间的亲密关系，可谓得不偿失。这个案例也提醒了我们，在沟通中一定要尽量避免问一些会引发争议的问题，而应多提一些能够引发良性探讨，也容易达成共识的问题。

那么，有哪些争议性问题是我们最需要规避的呢？

1. 科学研究中未有定论的问题

对于科学家都拿不出切实结论的问题，就更不适合我们在日常沟通中谈论了，因为沟通对象所持的观点很有可能与我们截然相反。比如，有的人支持西医，而有的人更相信中医。所以，我们在面对这类问题时要谨慎一些，不能随便地问别人“觉得中医怎么样？”“觉得西医怎么样？”这种问题一旦提出，就难免会引起一番激烈的争论，而这些争论永远都不会有结果，反倒常常会引发不欢而散的结局。

2. 政治、宗教问题

政治倾向属于比较敏感的问题，不适合在日常沟通中提及。特别是与不太熟悉的外国人沟通的时候，就更不应该轻易地向其提问“你会不会投某个党派的票？”“你如何评价某个政治人物？”这类问题很容易引起较大的分歧和争议，特别不利于打造愉快的聊天氛围。

同样，宗教问题也应当成为提问时的禁忌，否则沟通各方信仰有别，就会引起互相“抬杠”或对立僵持的状况。

3. 性别、种族、民族问题

很多人会对性别、种族、民族问题非常敏感，有时我们无意中提到的一个问题，却有可能会刺痛他人的心灵，引起他人的不快，继而就会让沟通变成剑拔弩张的辩论大会。所以，我们在提问时应当注意对方的身份，揣摩对方的心理，看看这种问题是否会让对方感觉受到了冒犯。

除了上述几点外，我们在沟通前还有必要了解一下对方喜爱的人物、事物等，这样就能够避免在提问的时候不小心批评了对方的爱好，也就可以减少很多不必要的争执。

过于尖锐的问题，需要委婉地问

在与人沟通和交往时，我们有时需要提出一些比较尖锐的问题。对于这类问题，如果采用直来直去的提问方式，很有可能会让对方感觉尴尬、恼怒，严重时还可能会引发不必要的矛盾和纠纷。为了避免出现这样的后果，我们就需要多学一些委婉提问的艺术。

委婉提问要求我们在开口前应当先认真思考，确保自己要表达的意思是足够客观的，同时要考虑到对方听到这句问话后的感受，然后拿捏好自己提问的分寸，尽量采用对方更容易接受的方式和语言提出问题，这样会让对方感觉更加放松，谈话也会更加顺畅地深入进行下去。

某公司正在召开高层会议，销售部的主管马明伟有幸列席。他本来在一旁聆听领导们的发言，可是一位副总提出的一些建议却让他感到无法苟同，于是他立刻站起来，不假思索地提问道："雷总，我一听您的发言，就知道您不了解我们基层销售人员的实际工作情况，我的看法是……您觉得我说的对吗？"

马明伟尖锐的问话让会议室里所有的人都感到非常惊讶，特别是那位被他越级"挑战"的副总更是变了脸色，半天都没有开口回答。马明伟却浑然不考虑副总的感受，还继续追问道："雷总，我对您的第二个提案也有异议，太草率了！我认为可以改成这样……您能明白我的意思吗？”

等到这个问题提完，大家更是觉得十分尴尬，副总则冷冷地“哼”了一声，拂袖而去。马明伟本以为自己“精彩”的提问能够博得副总和其他公司领导的青睐，谁知却弄巧成拙。更糟糕的是，公司以后再有这种会议，也没有人通知他参加了。

这个案例中的提问者马明伟在提出尖锐的问题时就犯了“直来直去”的错误，他毫不考虑对方的感受，还直接评价领导的“不是”，让领导当众下不来台。这样只会让自己在领导心中的“分值”大大降低，也会让自己的职业道路走得更加艰难，这样的教训是值得我们深思的。

在现实生活中，也有不少人会在提问时犯类似的错误，他们常常会在不经意间得罪他人，而在受到批评、指责的时候，他们又会委屈地为自己辩解，说自己是“说话太直，不懂得拐弯抹角”。事实上，“说话太直”并不是什么值得自豪的优点，而是一种不懂得提问的艺术，拿捏不好提问分寸的表现。

想要改变这种“说话太直”的毛病，就需要多思考怎样提问才更容易被他人接受。为此，我们可以从以下两点尝试改进：

1. 减少过于尖锐的说法

著名的主持人蔡康永说：“如果你要问的问题很尖锐，那你不妨把尖锐的说法换掉。”这种做法不失为一种处理尖锐问题的好方法，可以让问话中“挑衅”的意味被大大削弱，因而能够避免惹恼对方。

比如，一名记者在采访一位教授时，提出了这样尖锐的问题："有传言说您的一篇关于新材料的论文是抄袭的，这是真的吗？"可想而知，教授听见这样的问题后内心会有什么样的感受，采访很有可能会在尴尬的气氛中戛然而止。如果不想让事情演变到这种地步，就要学会用委婉的方式来提问，比如可以这样询问教授："据说某期刊上有一篇文章与您的论文有部分内容重叠，您对此有什么看法呢？"这样的说法就比直指对方"抄袭"要委婉得多，对方也会乐意给出合理的解释，沟通也才能进行得下去。

2. 把过于尖锐的提问变成礼貌的"商量"

提问过于尖锐，还会让人有一种被命令、被胁迫的感觉，任何人都不会喜欢这种感觉，所以我们要学会把这种尖锐的提问转变为"商量"，这样对方更容易接受，我们也更容易达到提问的目的。比如，某工厂的一名生产主管看到几名员工在工作时间闲聊，就这样提问道："别'磨洋工'了，赶快回工作岗位去！你们不知道工期很紧吗？"工人们听到这句带有强烈的命令性质的问话后，心中都觉得很不舒服，虽然他们暂时听从了生产主管的"命令"，回到了各自的工作岗位，可等主管一离开，他们又开始寻找机会偷懒了。

之所以会出现这种情况，就是因为主管的提问过于尖锐造成的，如果他能够换个方式委婉地提问，效果就会大不相同。比如，他可以对工人们这样说："大家辛苦了，眼下我们正面临着一个非常艰巨的任务，咱们一起加把劲，牺牲一点儿休息时间，把工作做好，这样公司也会给大家提供更加丰厚的报酬，大家觉得怎么样？”这句问话带有商量、鼓励的性质，不但不会引起对方的抵触，还有可能产生打动对方、说服对方的效果。

当然，我们不可能随时保持高度紧张和足够谨慎的状态，偶尔也会出现因不慎开口而得罪他人的情况，这时我们应当及时向对方道歉，告诉对方：“对不起，我刚才的问话很不合适，可能让你误解了，其实我真正想说的是……”这样的解释能够冲淡对方心中的不快，有可能会得到对方的谅解，也就不会让问题发展到难以弥补的地步。

搜索引擎能解决的问题，根本不需要问

提问不能太过随意，不能只图自己方便，就随口向他人提问。因为他人思考问题和组织答案是需要花费时间和精力的，同时我们向他人求教，也是需要付出一定的“人情”的。因此，我们一定要问有价值的问题、有意义的问题，才不会白白浪费这些宝贵的资源。

在现实生活中，有很多不善于提问的人常常会忽略这一点，他们遇到自己不懂的问题马上就会去问别人，但是这些问题中有很大一部分通过搜索引擎就能够快速地获得答案，他们却不愿动动自己的手指去搜索一番，反而理直气壮地不停地追问别人，这必然会引起别人的强烈反感。

春华是一位自媒体从业者，他从2016年起注册了微信公众号，经过自己的努力，已经拥有了超过10万的粉丝，收入也越来越可观了。朋友们听说后，都对他非常羡慕，还常常向他请教经验。春华是一个大方的人，只要自己有时间，也愿意指点朋友几招，这也为他赢得了更多的赞誉。

这天，春华正在集中精力撰写一篇原创文章，忽然看到微信上"蹦"出了一条消息："春华哥，我能问你几个做微信公众号的问题吗？"春华点开消息，看到发来信息的是一个刚认识没多久的网友，他本想置之不理，但对方又连续发来了几个苦苦哀求的表情。春华一心软，就回答道："你说吧。"

没想到那人却问了这样的问题："春华哥，我也想做公众号，可我不知道该怎样申请，也不会具体的操作方法，您能教教我吗？"

春华看着这个问题，又生气又纳闷，心想：我在百忙之中抽出时间来应付你，你却问我百度都能搜到的问题，这不是多此一举吗？

春华没有回复，可那人不停地催促，手机"叮咚叮咚"响个不停。春华无奈地摇摇头，给对方发去了消息："你打开百度，输入你的问题，马上就能看到标准答案。"

那人却不高兴了，觉得春华是在敷衍自己，还委屈地说："人家都说你对朋友很热情，其实都是骗人的吧，你怎么这么小气！"

春华更生气了，本想跟这人理论几句，但转念一想，又觉得没有什么意义，于是他默默地拉黑了这个人的微信，无奈地摇摇头，调整好心情，又专心致志地投入到写作中去了……

提问者的问题为什么会让提问对象感到如此烦躁呢？就是因为他不懂得提问的分寸，没有意识到不能用过于简单的、基础的问题去麻烦别人。能够问出这样的问题，也显示出提问者本身缺乏独立思考的能力，什么事都喜欢依赖别人，而且还把自己的提问视为理所应当，这自然会引起别人的抱怨。

类似这个案例中的情况在职场上也不少见。有很多初入职场的新人，对公司的业务、具体的工作流程、规章制度等都还不太熟悉，遇到弄不明白的地方就开口向同事、上级提问，像“咱们公司可以带薪休假吗？”“Word 文档怎么调整段落行距啊？”“我在哪里能看到客户资料呢？”这些问题其实都可以通过自己查询资料或使用搜索引擎获得答案，没有必要总去询问他人。

更何况不管是上级还是同事，他们都有自己需要完成的任务，每天工作内容已经安排得满满当当，却还要抽出时间来回答一些可以说是很“低级”的问题，他们的心中难免会滋生不少怨气。这种情况如果只出现一次、两次还好，若是次数多了，新人必定会被大家贴上“讨人嫌”“不懂事”之类的标签。

因此，我们需要提醒自己，不要总在小问题上麻烦别人。在提问之前，我们可以先把自己的疑问用搜索引擎搜索一下，或是查阅一下自己能够找到的书籍、文献、报告、数据库等，如果能够找到答案，就无须再向他人提问。这样做不仅效率更高，还能够体现出我们具备独立思考、解决问题的能力，能够让他人对我们更加放心，也更愿意把事情交给我们去做。

小金从大学毕业后，进入了一家大型企业工作。她对这份工作非常重视，在到岗之前就通过公司内网查到了很多规章制度、工作流程方面的资料，之后又从百度上查找了不少与该岗位有关的信息，让自己做到了“心中有数”。

做好了这样的准备工作之后，小金胸有成竹地走上了工作岗位，在很短的时间内就适应了工作节奏，把手头的任务完成得相当出色。有时需要和同事进行任务交接，她也没有缠着同事问东问西，而是只针对最重要的问题与同事进行沟通，这样既节省了时间，又赢得了同事和上级的认可。

原本公司对新人的试用期都是三个月，可仅仅过了一个月时间，小金就获得了提前转正的机会。大家只要一提到她，都会由衷地夸奖道：“这个女孩子不简单，工作能力强，又善于思考，是公司有史以来最优秀的新人。”

小金在提问时就显得很有分寸。能自己解决的问题绝对不会麻烦别人，只有自己无法解决的问题才会去开口询问。从这一点就可以看出她是一个思维主动、灵活的人，喜欢自己探究事情的本质，并能够总结出一定的规律，找到最有效率的做法。

我们也应该学习小金的这些做法，要尽量自己想办法去解决遇到的问题，同时要注意少问低级问题，多问有意义的问题。这样我们在他人眼中就会成为一个有能力、有思考力、有进取心的人，并会因此赢得更多的人生机遇。

第八章

进行提问实践，成为提问专家

面试提问：用提问给面试官留下深刻印象

面试是求职者开启职业生涯的重要环节，对于每一个面试者来说都具有至关重要的作用。在面试中，求职者在认真对待面试官提出的每一个问题，努力展现自己综合素质的同时，还要准备好适当的问题，并要抓住时机巧妙发问，才能够给面试官留下非常深刻的印象，而这也会为求职者加上不少分数。

但是，在现实生活中，有很多求职者却忽略了这一点，他们要么不会提问，要么随意触碰提问的禁忌，这都会造成很多负面影响，也会让自己失去宝贵的工作机会。

一家大型餐饮公司正在招聘品控部经理，黄静参加了面试，因为她之前有过相关的工作经验，在回答面试官的问题时说得头头是道，让面试官感觉比较满意。

一连问了好几个问题后，面试官已经对黄静产生了不错的印象，他和蔼地微笑着，对黄静提问道："你还有什么问题吗？"

可惜黄静在面试前并没有做好提问的准备，此时不免有些慌张，她本想实话实说"没有问题"，可是看着面试官越来越严肃的表情，她实在不敢这样敷衍了事。无奈之下，她只得随便问了一个问题："我对贵公司还不太了解，您能多给我介绍一些贵公司的基本情况吗？"

黄静的本意是想表达自己对该公司的情况非常感兴趣，可没想到面试官一听到这个问题，脸色就变得非常难看，他还很不客气地反问道：“你连我们公司的基本情况都不熟悉，有什么资格应聘这个职位呢？”

黄静意识到自己问错了问题，正想开口解释，可面试官却失去了耐心，没有继续提问就匆匆结束了面试，让黄静感到十分失望。

黄静没有把握好在面试中提问的机会，所提的问题不仅没有意义，还影响了面试官对自己的看法，让面试官感觉她对公司和这个职位缺乏足够的重视，这也是让她失去这份工作的重要原因。

为了避免在参加面试的时候犯同样的错误，我们就要在面试前多做“功课”，要知道什么问题可以提问，什么问题绝对不适合在面试中提问。另外，我们还要学习一些面试提问的技巧，以便更好地表现自我优势，这样面试官也会对我们更加青睐。

下面就介绍一些面试提问要注意的事项：

1. 面试中不能提的问题

（1）牵扯个人利益的问题

在面试中，我们应当尽量少提牵扯个人利益的问题，否则会让面试官认为我们过于追求金钱利益、贪图享受，不会成为尽职尽责的好员工。比如，向面试官提问“我工作多久可以加薪？”“如果我有急事，可以提前下班吗？”“请3天病假会不会被扣工资？”“部门每个月的报销额度是多少？”等，这些问题都会给自己减分，所以有经验的求职者都会避免提问。

（2）与面试官“套近乎”的问题

有的求职者为了给面试官留下好印象，会有意提一些与面试官有关的私人问题。比如，询问面试官“您在这家公司工作几年了？”“您结婚了吗？”“您桌上的那张照片是您爱人吗？”等，这些问题与面试本身毫无关系，而且还会让面试官有一种被侵犯隐私的感觉，所以常常会造成弄巧成拙的局面。

（3）暴露自身缺陷的问题

求职者还应当注意避免在提问中暴露自己在性格方面、能力方面的缺陷。比如，有的求职者这样对面试官提问道：“我的性格比较内向，不知能否适应公司氛围？”求职者可能只是随口一问，但面试官却会留意到求职者有“性格内向”“不容易适应集体氛围”的缺点，那么求职者就会面临不利的局面。

（4）探听自己能否被录取的问题

不少求职者因为过于关注面试结果，常常会在面试临近结束时直白地提问：“您觉得我表现得怎么样？”“我会被录取吗？”等，殊不知这样做只会让面试官感觉很不耐烦。因为，面试评价一般不是由面试官一人做出的，可能要牵扯到人力资源部门及相关职能部门的主管，这些主管在进行人员审查、核对时也需要花费一定的时间，所以能否录用并不是面试官能够决定的问题。如果求职者一再追问这种问题，就会让面试官感觉求职者很不成熟、很不了解职场规则，所以求职者应当努力压抑自己焦急的心情，应在面试后耐心等待一段时间，有必要的话可以发邮件或致电询问结果，切莫在面试当场就急不可耐地提问。

2. 适合在面试中提问的问题

（1）与跟岗位有关的问题

面试中可以询问与自己应聘岗位有关的问题，比如“这个岗位所在部门的组织结构是怎样的呢？”“这个岗位或所处的部门在公司的定位是怎样的？”“这个岗位目前面临的挑战是什么？”等，问出这些问题，能够让面试官感觉到你对这个岗位是有兴趣的，也做了一番深入的思考，而面试官的回答也可以帮助你认识该岗位在公司的价值，还能够让你了解该岗位的发展前景，可谓一举多得。

（2）与公司相关的问题

与公司有关的问题可以提问，但一定要慎重，千万不能问得过于肤浅，否则难免会像本节案例中黄静那样被认为没有做好足够的面试准备。那么，求职者该如何进行这方面的提问呢？很多职场达人的建议是询问与公司的企业文化、发展趋势、培训机会等有关的问题。比如，可以向面试官这样提问：“公司会给新进员工提供培训的机会吗？”这个问题能够反映出求职者具有追求进步、主动学习的优点。再如，“您可以为我解释一下公司的文化吗？”也是一个不错的问题，因为很多公司都非常看重自己的企业文化，询问这样的问题会让面试官感受到你有一种主动融入企业文化的诚意，与此同时，你还可以通过面试官的回答对这家公司有更深的了解。

（3）关于面试者本人的问题

求职者还可以询问一些与自身有关的问题，但要注意绕开利益相关的问题。比如，求职者可以这样提问：“我很擅长某某技能，我想知道这项技能是否可以应用到实际工作中，为部门和公司解决一些问题？”通过这样的问题，求职者可以向面试官“推销”自己的优势技能，同时，也可以表示自己已经做好为公司创造价值的准备，这会让面试官认为你是一个很有潜力、值得培养的人才。

在掌握了面试中该问和不该问的问题之后，我们还要注意提问要符合自己应聘的岗位职级。比如，面试的是基层员工职位，就不适合提问一些与公司发展大局相关的问题，否则会给面试官留下“好高骛远”“不切实际”的不良印象。

此外，在面试中提问也要注意适量，一般提 2~3 个问题即可，不可连续提太多问题，更不能没完没了地追问面试官，否则会让面试官感觉非常烦躁，从而对面试结果产生负面影响。

交际提问：快速建立良好人际关系

在人际交往中，提问也能发挥重要的作用。当我们与陌生人相见的时候，会提问能够帮助我们获得对方的信息，并找到双方之间的“共同话题”，让对方能够对我们产生“一见如故”的感觉。而当我们与同事、朋友、亲人相处的时候，会提问也能激发双方更多的互动，会让交流更加深入，并可产生更多的情感碰撞，有助于巩固亲密的人际关系。

因此，当我们在沟通中感觉无话可说的时候，或是认为在交往中出现了话不投机的情况，都可以尝试用提问来改变现状。有效的提问将会为我们开启对方的心门，从而能够打破人际交往中出现的各种障碍。

徐志强在大学毕业后，进入了深圳市的一家互联网公司从事新媒体运营工作。初入职场，徐志强感觉自己在很多方面都存在不足，特别是在专业方面有待提高，所以他积极报名学习专业课程，时间充裕的话，他还会参加一些线下的专业讲座和聚会，希望能够获得向专家请教的机会。

在一次线下分享会上，徐志强有幸见到了一位业内知名的运营“大咖”黄总，这让他感到十分激动。他决心抓住这个难得的机会让黄总认识自己，并对自己指点一二。

在活动休息时间，徐志强鼓足了勇气走到黄总身边，恭恭敬敬地说：“黄总好，我是 ×× 公司的运营小徐，很荣幸能够见到您，请问您今天会做演讲吗？”

黄总和蔼地说：“我今天主要是来听 ×× 的报告的，没有做演讲的准备。”

徐志强用遗憾的语气说：“那真是太可惜了，您上次的那篇关于运营拉新的演讲让我受益匪浅，也给我的工作提供了很多新的思路。可惜我水平有限，还有一些不能完全理解的地方。不知道什么时候才能再次接受您的教诲呢？”

徐志强真诚求教的态度打动了黄总，黄总笑着说：“小徐，你太谦虚了，我也只是把自己悟出的一点经验分享给大家罢了，哪里称得上是教诲啊。你说有不理解的地方，不妨说出来，我可以帮你参考一下。”

徐志强十分高兴，连忙把困扰自己的两个问题告诉了黄总，黄总不愧是经验丰富的运营专家，三言两语就为他指点了迷津。徐志强又感激又佩服，连连向黄总致谢。黄总对这个谦虚好学的年轻人也很有好感，主动提出可以互加微信保持联络，这更是让徐志强喜出望外……

提问，往往是有效沟通的开始，同时也是建立和谐的人际关系的开始。所以，我们应当学习案例中提问者的做法，用提问去拉近关系、引导话题。只要我们的提问足够巧妙，就能够逐渐融化人际交往的坚冰，并缩小彼此之间的差距，会让人们愿意敞开心扉与我们交流互动。

那么，在人际交往中，我们应该如何有效地提问呢？

1. 抓紧时机果断开口

在进行正常的人际交往时，有一些性格内向、腼腆的人在提问前总是拿不定主意，迟迟不敢开口，可是这样做很容易让他们错过很多搭讪的好机会，而且这种犹豫不决、胆小畏惧的表现被对方看在眼里，也会留下一些不好的印象。所以，我们应当学会果断提问，如果发现对方恰好心情不错，也没有在与他人聊天，就可以主动上前问好，再提出一个能够引发对方谈兴的问题，谈话就能顺势展开了。

假如我们一时之间找不到合适的问题，那就不妨坦率地将自己的感受告诉对方，比如可以这样提问：“您好，我初来乍到，在这里一个人都不认识，您能介绍我和一些人认识吗？”对方听到这样的问话后，一方面会理解我们的感受，另一方面也会被我们诚恳求助的态度打动，他们会很高兴地成为我们的“保护人”，把我们介绍给更多的人，我们就能在完全陌生的社交场合中打开局面。

2. 先提供自己的信息，再提问对方

进行交际提问最忌讳的是不管对方的感受如何，一味通过提问向对方索取信息。比如，有的不擅长沟通的人在与陌生人聊天时就会开启这种提问模式，不停地问对方“你多大了？”“你叫什么名字？”“你在哪里工作？”“你家住在哪里？”这样的提问就像是在“查户口”，会让对方感觉很不舒服。

正常的人际交流应当使用更加舒服的提问方式。比如：“今年是我的本命年，我 36 岁了，您呢？”“我叫金城，请问您贵姓？”“我在电子城工作，请问您在哪里高就？”这样的提问中包含了自己的信息，会让对方感觉更有诚意，对方在回答时也会减少很多顾虑。

3. 用轻松的提问来调节氛围

沟通时的气氛是紧张还是融洽，会直接影响到交往的结果。如果氛围非常紧张，对方可能会迫不及待地结束这次谈话；相反，若是氛围非常温馨、和谐，对方就会愿意交谈更多内容。所以，我们要重视调节气氛，在沟通中可以通过一些轻松的提问来营造愉快的氛围。

所谓“轻松的提问”，就是我们之前提到过的容易回答且对方也乐于回答的问题，如对方在工作、学习方面的一些成功体验，对方的一些独特的兴趣爱好等都可以成为我们提问的话题。对方在听到这样的问题后，常常会兴致勃勃地开始谈论起来，交流的氛围也会因此变得轻松有趣得多。

4. 做好问题的延续，避免冷场

在沟通中出现冷场是一件非常尴尬的事情，往往我们问出了一个问题，对方也给出了回答，我们却没有及时地做出反应，就会让现场出现让人难堪的沉默。为了避免这种情况出现，我们要注意锻炼自己的思维能力和反应能力，在对方回答之后，我们应当及时地给予赞同性质的反馈，然后尽快提出新的问题，而这也是最考验我们提问技巧的地方。

一些不善于提问的人在这个环节总有束手无策之感，他们可能会胡乱找几个质量不佳的问题，让对方在回答时有索然无味的感觉，沟通也会变成味同嚼蜡般的“尬聊”。那么，提问高手又是怎样突破这个难关的呢？他们会仔细倾听对方的话语，同时快速地琢磨对方谈话中的每一个细节，再由此出发找到重点、提出问题，这样的问题也会引起对方回答的兴致，激发对方沟通的热情。如此一波接一波地继续提问下去，双方会越聊越投机，关系也会越来越亲密。

5. 提问时察言观色，了解对方态度

我们在提问时还要学会察言观色，要从对方的微表情、微动作中揣摩他的态度，看其是否对我们的提问感兴趣。如果对方态度积极、兴趣浓厚，我们就可以继续深入探讨某个问题；如果对方表现得兴趣缺乏，我们就应当终止提问或换一个问题提问。

那么，有哪些信号可以帮助我们了解对方的态度呢？以下是提问专家为我们总结出的一些方法：

（1）观察面部表情

如果我们提问的内容让对方感到非常愉快，他们常会做出微笑或大笑等表情，此时他们的嘴角会上翘，眼尾会出现明显的皱纹；

如果我们在问句中提到的某些信息让他们感到惊讶，他们常会出现张大嘴巴、眉毛上扬、快速吸气等表情；

如果提问的内容让他们感到不快或难堪，他们可能会皱紧眉毛、抬起上唇，鼻子周围和眼睛下方还会出现褶皱；

如果提问的内容使他们感到害怕，他们会有眉头皱起、上眼皮向上提、嘴巴张开、上唇提升的表情；

如果我们的提问引发了他们强烈悲伤的情绪，他们常会出现哭泣的表情，哭时双眉下压皱起，眼睛紧闭或缩小，眼角外侧都会有皱纹，嘴角则会下拉，号啕大哭的时候嘴巴还会咧开；

如果他们开始咬牙切齿、张大鼻孔，同时面部肌肉也开始变得紧张，这可能说明我们的提问让他们感到非常愤怒，我们应当立刻终止提问，避免对其构成进一步的刺激。

（2）观察眼神

在提问后，如果发现对方的目光有明显的回避现象，有一部分原因是他说了谎话，自觉心虚，害怕目光接触会被看穿；不过也有可能是因为他比较害羞、自卑，不太敢在回答问题的时候直视我们。具体属于哪种情况需要结合其他面部表情、动作体态等来进行判断。比如，在说谎的时候对方还可能出现抚弄衣服、面部表情不对称、一侧肩膀耸起、揉眼睛、双手抱胸同时后退等表现。

如果在问答沟通中发现对方的目光散乱、视线飘忽不定，可能表明他此刻心不在焉，或是对沟通的内容不感兴趣。

如果对方的目光直视我们，并能够保持双眼接触，这可能表示他对我们提出的问题非常关注，但这也需要分为两种情况。一种说明他心境坦然，没有什么需要隐瞒的信息，此时他全身的状态也是比较松弛、自然的；而另一种则可能意味着他有所保留，此时他全身的状态是比较紧张的，面部表情往往略显僵硬。

如果对方在听到我们的问题后突然睁大双眼，可能表示他对这个问题感到非常惊讶或是产生了恐惧；但若是他开始闭眼不语，则可能表示他对这个问题缺乏兴趣，甚至已经出现了不耐烦的情绪，此时他的心理潜台词可能是“快别问我这个了，真的很无聊”。

如果对方一边回答问题一边频繁眨眼，这常常意味着我们的问题让他感觉到了较大的压力，在紧张情绪的驱使下，他的双眼才会不自觉地眨动。

如果对方在问答时眯着眼睛，可能表示他对提问的内容感到不舒服或有所怀疑、无法认同，有时还表示他已经产生了愤怒的情绪。

（3）观察小动作

对方在倾听我们的提问时开始用手摸耳朵、抚弄头发或面部，说明他对提问的内容没有什么兴趣，甚至已经感到很不耐烦；

如果对方在回答问题的时候试图捂住嘴巴，则说明他想要掩饰自己的真实想法；

如果对方突然把双手深深地插进衣兜、裤兜，好像要把双手隐藏起来不让人看见似的，这常常说明我们的提问让对方感觉不安，使他产生了较强的警戒心理；

如果对方不自觉地将自己的手指掰得“咔咔”响，这可能表示我们的提问让对方感受到了压力，所以对方下意识地希望通过掰响手指关节来舒缓压力；

但当对方开始频繁地对搓手掌时，则说明我们的问题问到了他的得意处，此时对方心情不错，表现出了一副跃跃欲试的样子。

（4）观察姿势

如果我们正与对方站着沟通，而对方的站姿很不端正，看上去弓背塌腰、很没有精神，这可能说明他对我们的提问很不耐烦。

如果对方突然把双臂交叉抱于胸前，常常表示我们的提问让他感到紧张，使对方不由自主地摆出了防御姿势。

如果对方双手叉腰而站，则可能说明提问内容让对方感到气恼或不服气，所以对方会下意识地采取这种向外扩张的站姿，以便让自己显得更有气势一些。

如果对方在站立时一条腿直立，另一条腿弯曲或倾斜，这常常说明他对我们的问话不感兴趣或是不能完全赞同。不过在有的情况下，有些人可能会因为感觉拘束或是缺乏足够的自信而采取这种站姿，所以我们在分析时也要注意结合当前的沟通情境。

如果对方站立时双腿交叉，这可能表示对方比较疲惫，还可能表示对方对当前的问题不感兴趣，甚至已经到了不耐烦的程度。此时如果对方做一些用手摸脖子之类的小动作，同时目光也望向别处，这就说明对方对我们的提问已经厌烦到了极点。

此外，在提问时，如果发现对方的双脚开始转变为另一个方向，这往往说明对方已经迫不及待地想要终结这次谈话，并想要离开现场，所以他的双脚会不知不觉地调整为其他方向。

如果我们正与对方坐着沟通，而对方的双脚在脚踝部交叉，这可能表示我们的提问让对方感到紧张、焦虑，往往在这种时候，他还会有捏紧拳头、抓扯衣服等小动作。

如果对方在问答沟通中双脚不停抖动，并且连带双腿也跟着开始抖动，这种情况常常表示对方渴望获得自我保护，从而可以缓解心中紧张、焦虑的情绪。

如果对方的脚尖开始无意识地拍打地板，发出“啪啪”的响声，这常常是一种不耐烦、不自在的表现，说明他很希望摆脱目前的话题，我们也就不必缠着对方追问不休了。

需要注意的是，我们在察言观色的时候不能只关注一个方面就妄下结论，那些最擅长提问的沟通高手提醒我们，想要弄清楚对方的想法，就要在倾听对方话语的同时分析其态度，然后结合全身的表情、动作、姿势等因素进行综合的评估，才能更好地掌握对方的情绪变化，并可据此确定或调整我们的提问内容和提问方法。

销售提问：问题对了，自然能够轻松成交

提问被称为是销售的“核心”，很多销售高手也都是深谙提问艺术的沟通高手。通过提问，销售员可以与顾客建立起亲密的联系，能够赢得顾客的信任，还能够了解和激发顾客的深层需求，因而可以大大提升销售成功的概率。相反，若是销售员只会口若悬河地用陈述性语言来介绍产品或服务的优势，却不懂得用提问来引导、说服顾客，就难免会让销售工作陷入泥潭。

销售员小王接待了一名打算购买电冰箱的顾客，为了引起顾客的兴趣，小王推荐了一款平价产品，还对顾客这样介绍道：“这款产品是我们这个季度的明星产品，最适合三口之家使用，既经济又实用，耗电量极低，每天耗电量只有0.35度，也就是说3天才用1度电。您和其他品牌的产品比一比就知道了，有的质量差的冰箱一天能用2度电呢……”小王自顾自地介绍着，顾客却很不耐烦地打断了他，对他说：“我自己看看吧，您忙您的就好。”小王只得讪讪离开。

另一名销售员小汤也注意到了这名顾客，不过她没有主动上前搭话，而是悄悄观察顾客对什么产品最感兴趣。没过多久，小

汤就发现顾客对几台最新款的多开门智能冰箱格外留意。于是小汤不动声色地走过去，对顾客提问道："先生，您想了解一下这几款冰箱的功能吗？"顾客顺手指着其中的一款，对小汤说："您给我介绍一下这款的特点吧。"

小汤简单地介绍了冰箱的优点后，继续提问道："先生，您最希望冰箱具有什么样的功能呢？"顾客想了想，回答道："我喜欢有无霜功能和抗菌功能的冰箱，要是有电脑控温的功能就更好了。"

小汤点头道："先生，对您这样注重生活品质的顾客，我觉得另一款冰箱更为合适，您有没有兴趣了解一下呢？"小汤在问话中流露出的赞美之意让顾客感到非常满意，顾客点点头说："您带我看看吧。"

最终，小汤通过不断提问引发了顾客的购买兴趣，促使顾客决定购买一台高端冰箱。

销售员小王在与顾客沟通的时候，忽视了提问的重要作用，一味向顾客灌输产品信息，而且他根本不了解顾客的真实需求，就自作主张地向顾客介绍平价产品，这样只会引起顾客的厌烦和不快。

与小王相比，销售员小汤的做法就要巧妙得多，她尽可能地站在顾客的立场上提问，而且始终关注顾客的需求、注意顾客的喜好，这才发现了最符合顾客需求的产品，也促成了交易的达成。

两位销售员的表现也提醒了我们要学会向顾客提问，提问可以帮助我们导出顾客的需求、判断顾客的意向，还能让我们成功地掌控整个销售过程。

在下面这个案例中，一位销售员更是通过提问导出了连顾客自己都没有注意到的潜在需求，从而成功地完成了推销任务。

一天，一位推销员小何和网友彭先生通过微信聊起了天。小何向彭先生提问道："我们公司最近新推出了很多款的游戏软件，您有兴趣了解一下吗？"

彭先生说："我都一大把年纪了，每天还要忙工作，哪有时间玩游戏，你去找别人推销吧！"

小何没有灰心，他注意到了彭先生说自己"年纪大"，猜测他应该有孩子了，于是小何又一次提问道："那您可以为孩子购买一款软件作为礼物啊，我们不光设计了很多游戏软件，还有大量的学习软件、益智软件，需要我给您介绍一下吗？"

彭先生犹豫了一下，说道："还是算了，我的孩子才刚上幼儿园小班，我买了软件他也不会用啊，这不是浪费资源吗？"

小何意识到彭先生对儿童类的软件可能很有兴趣，就继续介绍道："这个您其实不用担心，我们的儿童游戏适合各年龄段的孩子使用，内容都是经过教育学家核准的，对儿童智力启发很有帮助。幼儿园的小朋友在父母的指导下可以练习识别动物、植物，辨识颜色，还能跟着软件中的歌曲唱唱跳跳，培养音乐、舞蹈才能，您说这对孩子的成长是不是很有帮助呢？"

彭先生听到这里已经有些心动了，回答道："听上去还不错，不过没有实际体验过，不知道效果是不是像你说的那么好。”

小何二话没说，就给彭先生发去了一个可以使用三天的试用版本。彭先生带着孩子学习后，对软件非常满意，便支付了订购款，让小何开通了会员权限。后来，彭先生又陆陆续续地从小何那里订购了不少益智软件。

是否能够最终成交，决定于销售员能否问出恰到好处的问题。而在这个案例中，销售员就做到了这一点，他通过顾客透露出的只言片语的信息，猜测顾客可能会有一些潜在的购买需求。于是他从这一点出发去设计问题，就成功地激发了顾客的购买欲望，达成了销售的目标。

事实上，在销售过程的每个阶段中，提问都能够发生非常积极的作用：

1. 开局阶段

由于很多顾客对销售员都会抱有不信任的态度，所以在开局阶段，销售员就需要通过得体大方的提问来解除顾客的防备感。为此，销售员可以非常礼貌地向顾客提问道：“您好，请问您需要什么样的产品？”或是“您好，有什么我能为您效劳的吗？”这些礼貌而不失亲切的话语会让顾客感觉自己受到了尊重和重视，他们就会更加乐意和销售员详谈业务。

在开局阶段还有一种提问方式是直指对方最为在意的事情，创造出一种有利于自己的情景，然后自然而然地说出自己所提供的产品或服务的优势，从而达到打动对方的目的。

一名研究生小高打算在暑期找一个家教工作，他在网上查找了很多客户信息，最后将目标锁定为某高档小区的业主林女士家。林女士的儿子正在读初一，想要找一位专业素质过硬、有创意、有责任心的英语家教，并开出了很高的兼职工资。不过林女士比较挑剔，一直没有找到合适的人选。

小高决定用别出心裁的提问办法打动林女士，他拨通了林女士家的电话，在一开始沟通时就这样提问道："林女士，听说您在找一位在英语教学上很有创意的家教是吗？您一定很想提高孩子学英语的积极性吧？让孩子在充满乐趣的氛围中学习，才能学得更快、记得更牢，您肯定也是这么想的吧？我是×××大学英文系的硕士研究生，拥有专业八级证书，我的研究方向就是趣味英语教学，我可以把有趣的英语学习方法教给您的孩子，让他不必死记硬背，就能轻轻松松地掌握很多英语单词。"

这一番介绍之后，林女士已经非常心动了，她没有再多问什么，就约小高上门面试了。

在这里，小高就通过开局提问激起了对方的期望，然后又表达了自己的优势——专业过硬，还擅长趣味教学，这些优势正好能够解决对方所担心的问题，自然能够获得对方的青睐。

2. 引导阶段

在通过提问与顾客寒暄之后，销售员就要注意引导顾客的购买兴趣了。有经验的销售员在这时候常常会提问一些能够引发顾客好奇心的问题，如："×× 先生，我可以向您请教一个问题吗？""×× 小姐，您知道使用这款产品能够达到什么样的效果吗？"这样的问题会让顾客有兴趣深入了解更多信息，沟通也就能够顺利地进行下去。

3. 诊断阶段

当顾客对销售员产生了一定的认可感之后，销售员就可以适时地开展诊断性提问了，这种提问能够帮助销售员摸清顾客的真实需求，有时甚至能够挖掘出连顾客自己都不清楚的潜在需求。比如，电脑销售人员可以这样对顾客提问道："您平时习惯使用台式机，还是笔记本电脑呢？"在得到顾客的回答后，销售员可以进一步提问："您使用电脑是为了满足办公需要还是休闲娱乐的需要呢？"如果顾客的回答是后者，销售员可以继续提问道："我们有很多专为休闲娱乐设计的机型，不知道您需要国产品牌还是进口品牌的呢？"

像这样一步一步、一层一层地提出诊断性问题，销售员就可以从顾客的回答中收集到很多有价值的信息，并可以缩小和顾客讨论的产品范围，直到将双方的注意力聚焦到某个最能满足顾客需求的产品上。

4. 确认阶段

通过诊断性提问了解到顾客的真实需求后，销售员还可以进一步提出确认性的问题，以加深顾客的印象，同时也可以解除顾客的异议，促使顾客做出购买决策。一般这种问题可以以"陈述对方观点 + 做出专业解释 + 征求对方意见"的格式提出。

比如，一位顾客对产品非常满意，但对价格提出了异议，销售员就可以提问道："×× 先生，我非常理解您的感受，正如您所说的，本品牌的这款产品价格确实略高于市面上的一般产品，但是产品的品质却要大大优于一般产品，具体表现在以下几个方面：第一……第二……第三……如此看来，购买本品牌的产品实际上是更加实惠的，您认为如何呢？"像这样的提问有理有据，有助于打消顾客的疑虑。

5. 成交阶段

经过了前几个阶段的问答"交锋"后，顾客可能已经表现出较强的购买意愿。这时销售员不可放松对对话节奏的掌控，在此时可以通过提问来对顾客进行"试探"。比如，销售员可以询问顾客"如果您没有什么问题的话，要不要选择现在下单呢？我们目前正在举行优惠活动，现在下单可以享受 ×× 折优惠"。这样的提问能够对顾客产生一定的推动作用，同时销售员又在问题中抛出了优惠的"诱饵"，也会让顾客产生心动的感觉，对于促成成交很有帮助。

当然，在询问这种试探性问题的时候，销售员不宜表现得过于迫切，更不能不停地追问顾客，否则会让顾客有一种受到胁迫的感觉，反而不利于成交。所以，有经验的销售员会在提问后注意停顿，以留给顾客一个思考和选择的时间，而顾客如果确实对产品或服务非常满意的话，就会自行做出购买的决策，而且一般不会轻易反悔。

谈判提问：问到重点才能解决问题

提问是谈判的重要组成部分。通过提问，我们可以发掘对方试图隐藏的深层意愿，也可以确定对方是否已经理解了我们想要表达的意思，从而能够避免很多不必要的沟通误会。

提问还能促使对方更加积极地参与到谈判讨论中来，所以好的谈判者都会竭力避免长篇大论地讲空话、套话，而是会选取最有利的时机，借助巧妙的提问，一步一步引导对方接受己方的观点，最终便可水到渠成地达到谈判的预期目的。

一家大型互联网企业想要收购一家小型的网络游戏公司，便派出了一位年富力强的李经理负责谈判。李经理在谈判前进行了大量的研究，对市场行情数据做到了心中有数，在此基础上为该公司开出了 540 万元的报价。

在正式谈判的时候，李经理提出了这个报价，却遭到了该公司 × 老板的嘲讽，对方带着轻蔑的表情说："我听说贵公司是一家很有实力的企业，才会同意和你们合作，没想到你们竟开出这种低得吓人的价格。我看你们要么是不懂行情，要么就是没有诚意！"

李经理小心地观察着 × 老板的表情，发现他并非是在虚张声势，于是李经理主动让步，表示价格还有小幅提升的余地。

可是 × 老板的态度却非常强硬，他用坚决的语气说道：“一口价，800 万元，贵公司如果同意的话，我们马上就签合同；否则就不用再谈下去了！”

说罢 × 老板就站起身来，做出要离席而去的样子。作为经验丰富的谈判专家，李经理此前也处理过这样的情况，所以他并不紧张，而是积极地思考着对策，突然，他灵机一动，大声提问道：“请您再等一下，我能再问您最后一个问题吗？” × 老板本来已经有些不耐烦了，可这个问题却勾起了他的好奇心，让他不知不觉地停下了脚步，想要听听到底是什么问题。

李经理微笑着提问道：“如果您的公司价值 800 万元，那您觉得 ×× 公司的价值是多少？”李经理提到的 ×× 公司也是一家游戏公司，规模比这家公司略小。老板迟疑了一下，回答道：“他们的经营情况比我们差一些，我觉得值 650 万元吧。”

李经理听完，点了点头，接着问道：“您可能还不知道，就在上周，我公司已经和 ×× 公司达成了初步收购意向，他们对于我们给出的 450 万元的价格表示非常满意，当然这个消息是不能对外公开的，希望您能为我们保密。还有，您不妨重新审视一下，看看我们给您开出的 540 万元的价格是不是合理？”

那位老板听到这里，表情变得凝重起来，他收回了脚步，重新坐回座位上，陷入了沉思中。稍后，李经理通过巧妙的沟通技巧成功地说服了这位老板，使他接受了 540 万元的收购价格。

对方漫天要价，甚至用中止谈判的办法来威胁己方，类似这样的突发状况在谈判中并不鲜见。在这种时候，我们就需要像李经理这样，尝试用提问的办法来缓和僵局。提问能够勾起对方的好奇心，让对方产生继续听下去的意愿，这样我们就可以抓紧机会找出对策，使对方的态度逐渐软化。

在这里，提问起到的作用是活跃气氛、促进沟通。我们可以选择在谈判出现障碍的时候提出这类活跃气氛的问题，这可以为我们带来充分沟通的机会，也可以成为破解分歧的关键。除此以外，谈判中的提问还能发挥很多重要的作用：

1. 提问可以帮助我们获取更多信息

在谈判的时候，我们需要了解对方的“底牌”，揣摩对方的真实需求，而这些信息往往是对方竭力想要掩盖的。为此，我们就需要多提问题，要想办法“撬开”对方的嘴，才能深入了解对方，从而将他们的优势、弱点尽收眼底，这样在与他们谈判的时候就能做到得心应手。

2. 提问能够引导谈判的方向

在谈判中，使用提问可以引出新的话题，也可以转移当前无法再继续下去的话题，善用提问，就可以让谈判向着有利于自己的方向发展。比如，在谈判中遇到突发情况时，为了快速摆脱不利局面，我们就可以通过提出新问题来转移对方的视线。有经验的谈判高手会在这时佯装平静地说：“对了，顺便问一句……”然后以貌似不经意的态度提出一些让对方大为震惊的要求，这会让对方在短时间内感觉不知所措，而己方提出的一些要求往往也容易被对方接受。

3. 提问能够辅助传达消息、说明感受

在谈判中提出的许多问题从表面上看似乎是为了获得对方的答案，可事实上也能起到传达己方信息和感受的作用。比如："贵公司真的有把握如期完成订单吗？"这样的问话既是想让对方回答关于期限的问题，又能够传达出己方对工期问题的担心。如果在提问时格外加重语气，就更能让对方感觉到我们对于这个问题是十分重视的，那么对方也无法再忽略或敷衍这个问题。

当然，想要让提问发挥出上述这些作用，就需要我们在谈判前尽量做好准备工作。一些谈判高手往往会准备一些初听上去很简单似乎也很容易回答的问题，可是对方在回答完毕后却会发现这样的问题很容易暴露自己的真实想法。在提出这类问题的基础上，我们还可以进一步追加提问，对方也只得跟随我们的思路作答，而这些答案很可能就是我们期望得到的。

另外，我们还要注意把握谈判提问的方式。在谈判中，我们需要灵活地运用多种提问类型，如开放式提问、封闭式提问、直接式提问、间接式提问、假设式提问、反诘式提问等都可以尝试使用。这样做的好处是可以丰富我们的表达，使我们能够更好地应对对方的各种谈判招数，而且还能避免对方用"我不知道""我也不太清楚"之类的托词来敷衍我们。

此外，谈判提问还有一些值得注意的地方，具体如下：

1. 谈判提问的语言要求

（1）句式应尽量简短

谈判提问的句式应尽量简短。有些谈判者往往会忽略这一点，

他们喜欢长篇大论地向对方提问，而对方却会用只言片语来随意地回答，这无疑会让自己在谈判中处于被动局面。而谈判高手却很善于用简短的问题引出对方详细的回答，这也是因为他们能够问到重点、问到关键，让提问产生“一针见血”的效果，因而才能让对方无法回避，不得不给出具体的答案。

（2）语速以适中为宜

在谈判中提问时，语速如果过快，会让对方听不清楚我们要表达的意思，而且会让对方觉得烦躁，甚至还会心生反感；反之，若是提问时语速过慢，也会让对方感到十分沉闷，而且还会产生不耐烦的心理，以致让提问的力量有所减弱。因此，提问的速度应以快慢适中为宜，也就是说，要让对方能够完全听懂我们的用意，又不会显得过于拖沓、无趣。

2. 谈判提问的时机要求

（1）在对方发言完毕后提问

在对方发言的时候，我们一般不能贸然提问，因为随意打断他人的发言会显得很不礼貌，会让对方十分不快，也会影响谈判的进展。所以，在对方发言的时候，我们应当表现出认真倾听的姿态，如果不能同意对方的报价或其他要求，可以先记录下来，待对方发言完毕后再有针对性地提问。这样不仅能够体现我们的修养，还能帮助我们全面、完整地了解对方的观点和意图，有助于我们在谈判中占据主动地位。

（2）在对方发言停顿或间歇时提问

在谈判中，我们可能会遇到对方发言过于冗长、不得要领或是对方过度纠缠细节、偏离谈判主题的情况。为了不影响谈判进程，我们可以选择在对方发言停顿或间歇的时候及时提问，这样既能避免打断对方的话语，又能起到提醒对方的作用。比如，在对方说完一句话略作停顿的时候，我们可以借机提问道："冒昧问一句，您刚才说的是不是这个意思呢……"或者"这些细节问题我们可以稍后再议，现在能不能说一下您的主要观点呢？"经过了这样的"提醒"之后，对方会意识到自己的发言已经"跑题"，那么他们就不会在无效话题上继续纠缠了。

（3）在自己发言前后提问

在自己发言之前也可以适当提问，这种提问一般不要求对方做出回答，而多是以设问的形式自问自答。这样可以强调自己要说明的内容，同时也能够争取一些谈判的主动权，可以防止对方伺机插话，从而对我们的发言造成不利影响。

另外，在自己发言之后，为了促使谈判按照既定的思路向前发展，我们也可以提出相应的问题，并要求对方做出回答。如此能够向对方施加一定的影响，可促使对方按照我们引导的方向做出判断，因而可以帮助我们获得满意的谈判结果。

3. 谈判提问的对象要求

（1）根据谈判对象特点选择提问方式

谈判者的情况不尽相同，而且谈判者既有可能是单独的个人，也有可能是两人、三人甚至多人组成的谈判团队。对于这些谈判人员，我们在谈判前应当下功夫了解其担任的职务、分工、权限、业绩等工作信息，并要掌握其性别、年龄、性格、兴趣爱好、谈判风格等个性化信息，以便分析出对方可能采用的战术和技巧，然后才能找到最适合的提问语言和提问方式。

比如，对方年龄较大，性格坦率耿直，我们在提问时就要做到简洁有力，并最好使用直接式提问；如果对方比较挑剔、喜欢抬杠，我们在提问时就一定要使用周密的语言，避免让对方找到漏洞；如果对方年纪较轻、性格有些急躁，我们在提问时就要避免过于激进的措辞，多用一些委婉的表达方法，以免触怒对方；如果对方身居要职、性格又很严肃，我们在提问时就一定要郑重其事，切勿乱开玩笑。

（2）根据对方情绪变化改变提问方法

在谈判中，我们需要时刻留心对方的情绪，以便找到适当的提问时机，并可以及时采取更好的提问技巧。比如，对方情绪极好的时候，很有可能会被我们说服从而满足我们所提出的要求，这时我们可以抓住机会提问，并要注意在提问中表达赞美之意，这会让对方觉得十分“受用”，谈判也就更容易向着我们期待的方向发展。再如，对方表现出一定的不满情绪，谈判氛围也变得不太和谐，此时我们就可以在一些无关紧要的问题上对对方的意见予以肯定，然后再向对方提问。这样做会让对方觉得我们通情达理，可以冲淡对方的不快，使对方容易接受我们的看法。

掌握了上述这些技巧后，我们就能在谈判过程中从容自若地提问，并能够尽量了解对方的意图，也就能够更好地占据谈判的先机。

职场提问：扫清职业障碍，赢得事业成功

提问是职场人必不可少的一项技能，身处职场中，我们可能随时都要做好提问和被提问的准备。想要获得更多的与职业有关的信息，想要与同事、上下级、客户建立更加密切的联系，想要解决工作中出现的各种疑难问题，都离不开提问。

在职场中，恰到好处的提问可以为我们赢得上级的赏识和同事、客户的欣赏，有助于建立和谐的人际关系；精准到位的提问还能为我们扫清职业障碍，帮助我们找到事业成功的好办法，因而能够让我们从众人中脱颖而出，赢得很多职业发展的新机遇。

某公司销售部门的主管李海最近刚刚升职，接替他职位的是一位年轻的女员工林丽丽。林丽丽的工作资历虽然比不上其他同事，但她善于思考，对管理团队也有自己独到的见解。为了改善部门业绩，她花费了一番心思，写成了一份管理改革方案，打算拿给李海过目。

不过来到李海办公室门前，林丽丽又有些犹豫了，她担心李海会认为自己过于自负，毕竟她新官上任伊始就想改变过去的制度，确实是有些仓促了，何况其中的一些制度还是李海亲自制定的，很难说李海会不会对此产生一些不好的想法。

正在这时，李海却看见了林丽丽的身影，他和蔼地问："小林，是不是有事情要说？"

林丽丽只好鼓足勇气走了进去，把自己的方案递给李海，同时谦虚地问："李经理，我对部门管理有一点不成熟的想法，能麻烦您给我指点一下吗？"

李海笑着回答："你太客气了，大家其实都是同事，指点什么的可谈不上。"说罢，李海拿起方案一页一页地仔细阅读起来，读着读着，李海不禁暗暗称奇，因为其中的一些思路自己以前也想到过，只是没有像林丽丽想得这么具体和周到，虽然在办事流程和一些细节上还有值得商榷的地方，但不得不说这是一份难得的好方案。

林丽丽见李海半天不说话，心里却越发地没底了，她忍不住用试探性的语气问："李经理，我这份方案是不是有很多问题？要不，我先拿回去修改一下？"

李海把方案放下，含笑问道："你自我感觉有哪些问题？"

林丽丽想了想说："因为我刚接手这项工作，还来不及收集一些具体的数据，所以涉及数据方面的内容我只能暂时开了'天窗'；另外，有的地方我只想到了大概的思路，还没有补充具体的行动计划。"

李海点点头道："你的方案确实存在一些问题，不过已经算是难能可贵了。你很有想法，也善于创新，我非常庆幸能够由你来接替我的位置，相信你一定能把部门管理好！"

李海认可的话语让林丽丽惊喜极了，她连声向李海表示感谢。

李海则继续启发她道："对方案中的问题，你打算用什么样的办法去解决？"

林丽丽沉吟片刻后，大着胆子问道："李经理，我认为实践才能出真知。所以您能否给我一个机会，让我抽调几名员工组成小组，然后在小组中做进一步的测试？"

出于对林丽丽的欣赏，李海答应了她的请求。之后，林丽丽在测试中不断调整和完善方案，终于取得了满意的效果。经李海的批准后，这个方案在全部门正式实施，果然大幅度地提升了团队业绩，林丽丽和李海也分别获得了公司的嘉奖。

在这个案例中，上级和下级都具备较强的提问能力。下级在向上级提问时，注意使用请教的语气和礼貌的称呼，给上级留下了谦虚、谨慎的好印象，也让上级乐于回答她的问题，并愿意给她一些有益的建议；另外，上级在与下级沟通时，也没有摆出高高在上的样子，而是以和蔼的语气，采用引导式的提问，促使下级自己思考问题、发现问题，并找到了解决问题的方案。

这种提问式的沟通不但能够促进共识的达成，还有助于改善和巩固上下级关系，因此很值得我们学习并进行实际应用。当我们还是初出茅庐的职场新人的时候，我们可以多向身边见多识广的同事提问请教；当我们已经融入团队，正式成为公司的一员的时候，也可以多向上级提问请示，多和平级提问沟通；当我们成为团队管理者，开始在职场上独当一面的时候，我们仍然可以用提问来掌握下属完成工作的情况，并可以用提问和其他部门交流项目的推进信息……总之，身处职场中，是否掌握了足够的提问技巧，将决定我们能够到达的高度和我们可能拥有的人脉圈子的大小和质量。

那么，在职场中提问需要注意哪些原则呢？

1. 具体原则

在职场中提问，要学会具体而清楚地表达，如果把问题问得太大、太笼统，就会增加对方回答的难度，同时也会影响我们提问的效果。

下面让我们来对比三位职场新人对于公司项目进程的提问：

新人甲：请问，公司的项目都是如何进行的？

新人乙：请问，公司的 ××× 项目是如何进行的？

新人丙：请问，公司的 ××× 项目是如何在技术方面突破难关，实现成功收尾的？

这三位新人谁能从提问中获得更多的有效信息呢？显然是新人丙。因为与新人甲和乙相比，他在问题的描述上更加具体，既说明了自己想了解的是哪一个特定的项目，又指出了自己想知道的是该项目在“技术方面、收尾部分”的一些细节。能够问出这样的问题，也说明这位新人对于该项目已经有了一定的了解，所问的问题听上去比较“内行”，对方在对待这样的问题时也会更加郑重，会根据他的需要给出相应的答案，而这位新人也可借此学到很多与项目、技术有关的知识。

从这个简单的例子就可以发现，提问是否具体将影响答案的质量和对方回答时的态度。所以，我们要学会问具体的问题、清楚的问题，而不要像新人甲和乙那样问笼统的、意义不大的问题。

2. 准确原则

职场提问还要注意准确原则，因为我们在提问中提供的前提越精准、越有参考价值，对方才越能够给出越有意义的答案。如果连我们自己对问题中的信息都有拿不准的感觉，又怎能要求对方据此做出确切的答复呢？

有一家公司准备在酒店举办年会，一位秘书负责征订场地，她初步选好了几家酒店后，向上级提问道："领导，您看我们是定皇冠假日酒店、金门大酒店还是宝安大酒店？"

上级听完后，皱紧了眉头，不高兴地说："价格是多少？场地大小和使用时间都是怎样的？"

秘书有些茫然地回答："金门大酒店的价格好像是最便宜的，皇冠假日酒店的场地可能是最大的……"

上级不耐烦地打断了秘书的话："什么'好像''可能'，你就不能给我一点准确的信息吗？你的工作是怎么做的？"

在这个案例中，这位秘书在提问时就没有给上级提供准确的信息，结果不但没能从上级那里获得答案，还给上级留下了"办事不力"的不良印象。其实她本来可以尝试下面这样的提问办法：

"领导，我初步选定了三家酒店，其中皇冠假日酒店是五星级，场地 43 平方米，单日报价 4000 元；宝安大酒店是四星级，场地 42 平方米，报价也是 4000 元；金门大酒店是三星级，场地 40 平方米，报价只有 2500 元。您看我们选哪一家酒店最合适呢？”

在这个提问中，秘书将上级可能想要知道的信息都罗列了出来，而且数据准确，很有参考价值。上级在听到这样的提问后自然会想到秘书已经进行了仔细的调查工作，也就不会再质疑她的工作能力和工作态度了。

这个案例也提醒了我们，在进行职场提问前要多做调研工作，掌握了足够的信息后再去提问，就不用担心被对方反问、追问时无话可说了。

3. 高效原则

职场人士每天都要面对大量的工作任务，时间对每一个人来说都是极为宝贵的，所以我们在提问时一定要想办法节省自己和他人的时间，这样才能让沟通变得更加高效。为此，我们需要精简提问，要尽量一次性问清楚一个问题，而不要想起一点细节就去提问一次，这会造成时间和精力的浪费，也会干扰对方的工作，更会让对方心生抱怨，会对我们产生“思维混乱”“不做准备就乱提问”的负面评价。

另外，如果我们打算使用微信、QQ 等聊天工具向他人提问，就更是要注意长话短说、抓住重点。有的人在提问时总是喜欢问一句“在吗”或“有空吗”，其实这样做是毫无必要的，对方如果不方便回答的话，可能要过一段时间才能说一声“在”，假如这时我们没有看到回复，过上几个小时又问一遍“在吗”，就会白白浪费时间而一无所得。所以，为了高效提问，我们应当学会直截了当地提出问题，对方如果不便回答的话，我们也不必着急，只要耐心等待对方的回复就好。

4. 谨慎原则

为了打造和谐的人际关系，为自己扫清职业障碍，我们还应当在提问的时候遵循谨慎原则，也就是说在询问每一个问题时都要预先考虑后果，以免在无意中得罪同事和上下级。比如，有的问题属于上司管控的范围，如果我们随意地越过上司向更高级别的领导提问，就是对上司的一种冒犯，会让他感觉我们对他不够尊重。

再如，我们随意地在背后议论他人，还向同事提问道："你觉得他这个人怎么样？"这样的问题就是不够谨慎的，如果同事"口风"不严，将谈论的内容传递给了当事人，就很有可能会引起矛盾和纠纷。

此外，对于职场上流传的一些负面消息、小道新闻，我们应当避免提及，千万不能为了满足自己的好奇心，就到处找人提问，这无疑会败坏我们的职业形象，让我们变成他人眼中的"大嘴巴""八卦精"。

除了以上这些职场原则外，我们还有必要注意提问时的语言、肢体动作等细节，要学会用温文尔雅的提问语言、得体大方的肢体动作来配合要提问的内容，才能更好地达成我们的提问目的，让我们能够借助提问在职场中无往而不利。

采访提问：角度新颖、态度鲜明的问题更有价值

采访是新闻工作者的一项日常工作，而成功采访最不可或缺的能力就是提问。温和而循循善诱的提问能够引起采访对象的谈话兴趣，又能帮助我们逐渐接近新闻的核心内容；严肃而富有穿透力的提问能够帮助我们深挖事实，揭开不为人知的真相。

像这些高质量的提问无疑能够让采访产生事半功倍的效果。所以，我们在采访时最应该做好的就是设计角度新颖、态度鲜明的问题，并安排好相应的提问方式、提问技巧，这样才能帮助我们厘清头绪、排除疑问、抓住关键。

在美国加利福尼亚州，有一位名叫利布林的年轻记者受命去采访当地一位著名的赛马骑师。这位骑师对媒体没有任何好感，哪怕他勉强接受采访，也会用沉默来应对。之前有很多记者千方百计想要让他开口说话，却都以失败告终。利布林出发前，同事们都不看好这次采访的结果，还有人向他“泼冷水”，说他一定会在骑师那里“碰钉子”，可利布林却只是微微一笑，什么也没有说。

利布林在马棚中见到了那位骑师，他本想与对方寒暄几句，可对方却高高地抬起了头，似乎根本不想理睬他。利布林索性放弃那些用来客套的提问，直接提了一个精心设计好的问题：“听

说您在参加比赛时，喜欢把左脚镫的皮带多放出几个扣眼，这是真的吗？”

骑师一听这个问题，顿时来了兴致，他破天荒地开口道：“你怎么会知道这个？”

利布林心中十分高兴，但他没有把情绪表现出来，而是故作平静道：“如果一个人对赛马很感兴趣，又喜欢做研究，想知道这个并不难。你相信吗？我还知道您为什么会这么做。”

利布林的问话挑起了骑师的好奇心，骑师不禁微笑道：“那你说说看我这么做的原因。”

利布林用充满自信的语气讲述起来：“马场的跑道是圆形的，骑师在跑道上策马飞奔时，需要克服离心力，所以两个脚镫的皮带不能一样长。当然，并不是所有人都会注意到这一点，只有像您这样优秀的骑师才会把左脚镫的皮带调整得比右脚镫长一些，这样身体的重心会稍微偏向内侧，控制赛马时也会更加轻松省力。您说我说的对吗？”

骑师此时不得不对利布林刮目相看了，他惊讶地称赞道：“你说的完全正确！事实上，我能够有这么高的获胜率，和这个小细节有很大的关系。”

利布林笑着说道：“我相信您还有很多的秘诀，毕竟您是本州公认的实力最为强大的骑师。请问您是否愿意多分享一些信息呢？要知道，有很多默默关注着您的粉丝都很渴望读到与您有关的文章呢。”

骑师点点头道：“没问题，去我的办公室详谈吧。”

这位记者之所以能够赢得骑师的认可，并获得难得的采访机会，就是因为他善于提出高明的问题。他的问题角度新颖，触发了采访对象的好奇心，而且能够提出这样的问题，也体现出他对赛马行业有深入的了解，这自然能够引起采访对象的好感。另外，他在提问时还不露声色地赞美了骑师的实力，并借“粉丝”之口请骑师多分享一些信息，这些提问技巧发挥了应有的作用，为采访的成功奠定了必要的基础。

在下面这个案例中，另一位记者也通过提问赢得了采访对象的好感，取得了满意的采访结果。

记者小孙去采访商界精英李先生，在采访前，他进行了大量的调查研究，设计了很多问题，并从中挑选出了一些最能激发李先生交谈兴趣的问题。

这天，小孙来到了李先生的办公室，看到他身上穿着一件朴素的旧式灰毛衣，领口和袖口都有些磨损了。小孙也听说过李先生酷爱这件灰毛衣，还准备了几个与之有关的问题，这下这些问题便派上了用场。

小孙用好奇的语气问道：“李先生，这件低调的灰毛衣非常符合您儒雅的气质，不过我还是有点奇怪，您为什么特别喜爱这件毛衣呢？”

李先生接待过很多记者，但还是第一次被人问到这个问题，他高兴地回答：“这是我妻子亲手编织的毛衣，在我刚开始创业的时候，经历了很多困难，妻子就把这件毛衣送给了我，让它陪伴着我，温暖我的心灵。”

小孙感动地说：“我现在明白这件毛衣对您的意义了，有这样的好太太支持您，您真的很幸福。我注意到您刚才提到了创业时的困难，那么您是如何渡过那段艰难岁月的呢？”

小孙话中的赞美之意让李先生感到很是愉快，他也放下了防备，和小孙分享了很多创业时的故事，让小孙收获颇丰。

这位记者在研究采访对象资料的时候发现了一个被他人忽视的细节——一件旧毛衣，他敏锐地意识到这个细节可以成为采访提问的突破口，而事实证明他的想法是正确的。这个角度新颖的问题确实产生了奇效，让他成功地敲开了采访对象的心门。

我们应该向善于提问的记者利布林学习，要多设计一些精彩的、新鲜的、能够让采访对象眼前一亮的好问题。如果感觉自己没有头绪的话，我们可以参考新闻采访的提问公式“GOSS”，它是由美国内华达大学新闻学教授拉鲁·吉勒兰提出的。

“GOSS”公式中的“G”（Goal）代表对目的的提问，“O”（Obstacle）代表对障碍的提问，第一个“S”（Solution）代表对克服障碍的方法的提问，第二个“S”（Start）则代表对目标开端情况的提问。

吉勒兰教授认为，记者在进行采访时，总是要先弄清楚采访对象的特定的目的，然后调查他们在实现该目的的过程中遇到了哪些困难和障碍，并采用了什么样的办法克服了这些障碍。之后记者可以返回目标，追问是哪些人最先提出目标的……当记者搞清楚这些问题后，采访的任务也就基本完成了。

在采访过程中，我们可以围绕这四个步骤依次提问。比如：

请问，贵公司今年要实现的目标是什么？（目的问题）

在为该目标而努力的过程中，你们遇到了哪些阻碍？（障碍问题）

你们是如何应对这些阻碍的？（解决方法问题）

我能再问一下贵公司今年的这个伟大设想是谁提出的吗？（开端问题）

……

需要指出的是，"GOSS"公式只是我们设计问题的辅助公式，适用于没有做好准备的突发采访。公式可以为我们提供一定的思路，避免出现无问题可问的情况。但若是时间充足的话，我们就应当在"GOSS"公式的基础上设计更多的、更丰富的问题，并要为可能出现的意外情况设计一些备选的提问，这样我们在采访中才能做到游刃有余。

在设计问题的过程中，我们还有必要注意以下几点：

1. 避免对基础信息进行提问

除非是做突发性的采访，否则记者都不该询问采访对象一些关于姓名、年龄、籍贯、毕业院校、工作经历、婚姻情况等基础信息，因为这些信息本是记者在采访准备阶段就应该仔细调查和收集整理好的。如果记者没有做好这样的工作，一张口就是"请问您贵姓？""您的老家是哪里？""您从事的是哪一方面的工作？"那只会让对方感觉记者很不专业，对方会失去和记者对话的欲望，即使勉强回答了问题，也可能只会给出一些敷衍性的答案，记者也就无法实现采访的根本目的了。

2. 避免过于冗长乏味的提问

采访时提问不可过于冗长，有的记者在提问时阐述内容不够精练，使得问句过长，让采访对象无法彻底弄清记者的用意，在回答时很容易出现理解上的偏差；采访提问也不可过于乏味，不少记者没有把握好提问的顺序，把引人入胜的精彩问题放在后面提问，排在前面的问题却平淡无味，时间一长，采访对象就会失去回答的兴趣，可能会提前结束采访。

所以，为了吸引采访对象的注意，记者可以在一开始提问时就抛出一个十分精彩的问题。如果在采访过程中，记者发现采访对象有心不在焉的表现，那么也可以提一些带有悬念性的或是幽默感十足的问题，以此来唤回采访对象的注意力。

此外，如果记者准备了非常复杂的问题，那就最好将其划分为几个简单明了的问题，然后依次进行组合式提问。需要注意的是，问题与问题之间应当有内在逻辑联系，才能确保采访对象的思维不会被打乱。

3. 避免带有明显倾向性的提问

新闻工作者要谨守客观与公正的原则，在提问时，不能从主观出发，在问题中表现出自己强烈的倾向，否则采访对象会受到记者好恶的影响，无法表达自己真实的看法。不仅如此，如果采访对象所持倾向恰好与记者相反，就更是会引起不必要的矛盾，导致采访无法顺利进行下去。所以，记者在提问前必须检查一下自己准备好的问题，要把流露出明显的爱与憎、褒与贬等倾向的问题统统删除，才能让采访达到更好的效果。

4. 避免自我炫耀式的提问

采访的目的是要从采访对象那里获得更多的信息，而不是为了展示自己丰富的学识和独到的见解。如果记者在提问中总是热衷于自我炫耀，就会让采访对象感到非常厌烦，采访的进程也会因此受阻。所以，记者应当把握提问的分寸，要保持谦虚、谨慎的态度，在问话中尽可能地流露出尊重、友好、真诚的态度，这样采访对象才会更愿意给予配合。

需要提醒的是，采访大多有时间限制，所以记者在提问时要格外慎重，要尽量少问寒暄式的问题，也不能把时间浪费在一些意义不大的问题上，而应保证自己提出的每一个问题都能产生实际价值。

最后，为了确保自己获得的信息是准确的，记者还应在采访结束前对一些重要的细节重复提问,以确保不会出现错误或遗漏。在这种回顾性的提问结束后,采访才算是画上了一个完美的句号。

电话提问：打好草稿，有条不紊地提出你的问题

随着通信技术的发展，电话、手机成为了当今非常普遍的沟通方式，也为我们的提问提供了很多便利，使我们能够以最快的速度从沟通对象那里获得答案。不过我们也应当注意到，虽然大

多数人能够熟练操作电话、手机，却不一定都能够掌握好电话提问的技巧，有时还可能会因为表述问题而影响到提问的效果。

因此，想要提升电话提问的质量，我们最好能够提前打好草稿，将自己要问的问题以及希望获得的答案都记录下来，再厘清头绪，安排好先后顺序，等到打电话的时候，我们就能有条不紊地安排提问了。

在以下这个电话沟通的案例中，由于两位打电话者提问时的表述方法不同，最终导致了两种不同的结果。

某公司准备组织一次出国培训，人事部门的主管对员工小汤说："你把咱们部门有培训需求的人数统计一下，汇报给总经理。"

小汤觉得这是小事一桩，便痛快地答应了。之后他统计好人数，立刻拨通了总经理的电话："总经理好，我是人事部的小汤，跟您汇报一下，本部门共有8人有出国培训需求，您看我什么时候把名单发给您比较合适？"

小汤本以为自己的态度非常礼貌，会赢得总经理的青睐，哪知道总经理却十分不高兴地回答："你们部门凭什么占据这么多名额？再好好去调查一下，别信口开河！"

说罢，总经理就挂了电话。小汤十分震惊，他去找主管诉苦，主管自然又批评了他一顿，还说他缺少办事能力和沟通能力。

之后，主管不再理睬小汤，改派了一位善于沟通的女职员小欧去做这项工作。小欧的做法比小汤慎重多了，她先是在部门内部认真调研，了解哪些同事是有资格去参加培训的，之后她又在纸上列出了一些问题，力求做到胸有成竹，这才放心地拨通了总经理的电话。

小欧是这样提出第一个问题的：“总经理您好，我是人事部门的小欧。主管派我向您请示一下关于培训的事情，不知您现在是否方便？”

小欧在提问中既说明了自己的身份，又点出是主管安排的任务，并非自己有意越级打扰。而且小欧还用“请示”来代替“汇报”，并注意提问总经理是否方便，这样的表述既清楚，又礼貌，让总经理听得连连点头，在回答时的态度也和气了很多：“你说吧，我听听你们部门是怎么安排的。”

小欧有条不紊地说道：“我们刚刚完成了统计，有8位同事有参加培训的需求。不过其中只有2人符合出国培训的需求，另外6人，主管打算安排他们就近在国内接受培训，您觉得这样安排可以吗？”

总经理用赞许的语气说：“这就对了，就近培训也不耽误其他工作，这么安排挺好。不过这6人会不会有意见呢？”

这个问题小欧之前也考虑到了，并准备好了答案，此刻她马上回答道：“主管已经安排我去跟这些同事沟通了，大家肯定会以公司事务为重的，请您放心。那么，您还有什么事情需要我转告主管的吗？”

总经理满意地回答：“没事了，你做得很好，你们主管想得也很周到。”

放下电话后，小欧把总经理的话汇报给主管，主管自然十分高兴，很是夸奖了小欧一番，还说要推荐她去更加重要的岗位，以便施展她的沟通才能。

在这个案例中，两位员工在打电话时的做法截然不同。员工小汤犯了过于鲁莽的错误，一开口就提出要上报8人的名单，却没有想到总经理可能有节省资金的考虑，而且也不希望同时有这么多人去国外培训，担心会影响正常的工作。再加上小汤没有说明自己是受主管委托来与总经理联系的，这会让总经理以为他在越级上报，对他自然不会有什么好感。

与小汤相比，员工小欧在进行电话提问时就完全避免了这些错误。她首先讲清楚了自己的意图，并询问总经理是否方便，使总经理觉得她很有礼貌，也很有分寸。接着，小欧又用清晰、简洁的话语讲清了部门人员统计的情况，而且考虑到了资格问题，顺便对人员进行了筛选，也达到了为总经理分忧的目的。而当总经理有疑问的时候，小欧也做到了对答如流，对于这样善解人意的员工，总经理又怎会不满意呢？

由此可见，想要通过电话实现提问的目的，就应当像这位员工小欧一样打好草稿，使自己在提问时能够做到信息准确、条理清晰、层次分明，并且还要注意把握提问的分寸，不可让对方有被冒犯的感觉。

具体来看，在用电话提问时需要注意以下几个表述方面的要求：

1. 用简洁、明了的话语表述身份

用电话提问时，首先要做的工作是亮明自己的身份，消除对方的戒备心理。这个环节看似简单，然而很多人却做得不够好，他们在表明身份的时候，要么不够清楚，要么过于冗长，都会影响沟通的效果。比如，一位互联网公司的销售员在给客户打电话时就这样说道："您好，× 总，我是 ×× 网市场部的董冬冬，我们公司已经成立一年多了，和业内很多公司都有合作关系……不知道您是否听说过我们公司？"

在这段话中，销售员在介绍自己的身份时就犯了啰唆冗长的错误，说了很多与客户无关的事情，客户可能并不关心该公司成立多久或与谁有合作关系，但销售员却一再介绍此类信息，就很容易让客户失去耐心，所以常常会出现销售员还没提完问题就会被对方挂断电话的情况。因此，表述身份时一定要注意简洁、明了，一句话就能说完的事情切勿大量铺陈。

2. 用准确、清晰的话语阐述来意

在清楚的自我介绍之后，我们需要向对方阐明自己的来意，在这个环节要注意表述准确、语言清晰，要让对方能够一听就知道我们打电话来是想问哪方面的事情。所以，我们在讲述来意的时候，切忌拉拉杂杂地讲一堆烦琐冗长的话语，那会让对方失去听下去的耐心，会让电话提问的效果大打折扣。正确的做法是尽量简化表述，多使用一些对方易听好懂的短句，并争取用 2~3 句话把来意讲明白。

3. 通过提问与对方开始沟通

在表明身份和来意后，我们应当切入提问互动环节。在此环节中，切忌一个人长篇大论、滔滔不绝地自问自答，却忽略了对方的答话，这会让对方过早对沟通失去兴趣。

因此，我们应当适时地发问，然后做出适当的停顿，给对方留下思考和回答的时间。在一个问题得到回答后，我们要紧接着提出另一个相关的问题，这样既能增强对方的参与感，又能引导对方的思路，还可帮助我们了解对方的需求和感觉困惑的问题。之后我们可以进行有针对性的解说，消除对方的疑问或顾虑，就能成功地实现电话提问的目的了。

除了上述几点外，我们在用电话提问时还应格外注意自己的发音、音量、语气、语调和语速等问题。比如，发音不能含含糊糊，更不能念错字、发错音，以免让对方出现理解上的困难；音量方面则以适中为宜，因为音量太大会让对方觉得刺耳，音量太小则会造成信息接收困难；在语气方面，应注意用柔和、亲切、温暖的语气来通话，这会让对方愿听、爱听，提问的效果也会比较理想；语调方面则要注意抑扬顿挫、富有变化，这样对方更听得进去；至于语速和节奏方面，也要注意把控，否则语速过快、节奏过于急切，会影响表达的清晰度，而语速过慢、节奏缺乏变化，也会让对方失去耐心。

邮件提问：注重细节才能获得有效回复

如果因为条件限制无法与想要提问的对象面对面沟通，而且要问的问题又比较复杂的话，那就可以尝试发邮件提问的办法。邮件书写比较方便，还能够进行编辑和储存，为我们全面、完整地描述问题提供了便利，而且我们还可以在邮件中附上相关的资料供对方参考，这样对方在深入分析后就能够告知我们需要的答案了。

不过，用邮件提问也是需要掌握技巧的，否则我们发出的邮件很有可能被对方忽略，或是被对方当成垃圾邮件进行删除，那样就无法达到提问的目的了。因此，我们在发邮件时一定要注意突出来意，以便让对方在收到邮件后就知道我们想要问什么，这样邮件沟通才能产生切实的效果。

张铭在某公司担任技术工程师，他拥有雄厚的技术实力，业余时间经常登录专业论坛为大家答疑解难。久而久之，张铭成了论坛上知名的“大神”，每天都有网友发邮件向他咨询技术问题，张铭只要有空就会认真回复。

这天，张铭像往常一样打开了邮箱，看到数量众多的邮件后，他先做了一番分类，把广告邮件和垃圾邮件删除干净后，才一封一封地打开其他邮件。其间他登录了论坛，看到了这样一条留言：“我上周发给你的邮件，你怎么一直都没有回复呢？”

张铭感到非常惊讶，向对方求证之后才知道是怎么回事。原来对方想咨询他一个问题，可是邮件主题却写得很随便，他误以为那是垃圾邮件，就将它删除了。

张铭向对方解释了一下后，对方又重新发送了邮件。张铭收到了邮件，一打开却发现邮件中既没有称呼，又没有落款，除了一个干巴巴的技术问题外，再也找不到其他可供参考的资料了。

看到这样的邮件，张铭只觉得又好笑又好气。对于这样的问题，他实在没有办法给出答复，但出于对对方的尊重，他还是客客气气地回了一封邮件："请描述一下贵公司经营的是哪方面的产品，以及该项技术的具体应用环境是怎样的。"

不久，张铭收到了对方发来的第二封邮件，内容又是简简单单的一句话："我司是生产 ×× 产品的公司。"张铭感到十分无奈，只得又回复道："对不起，因为没有具体的细节，我无法给您相关的建议。"之后对方没有再发来回信，张铭也就此作罢，没有再进行进一步的联络。

上述案例中，提问者在使用邮件提问时犯了很多错误，也造成了无效的沟通，双方一来一往耽误了不少时间，却没有产生实际的价值。

具体来看，提问者没有做好的细节表现在以下几个方面：

1. 没有掌握基本的邮件提问礼仪

在撰写邮件时态度不可随意，特别是想要通过邮件向对方提问的时候，就更是应该礼貌称呼，并要多使用敬语，让对方感觉到我们的尊重和友好之情后，他们才更愿意为我们解答难题。

所以，在邮件的开头，一定要加上对沟通对象的称呼，一般我们可以按照职位、职务称呼对方 × 董事长、× 经理、× 处长等。如果不了解职位情况，则可以简单地称呼对方 × 先生或 × 女士，但要注意不能直呼全名。特别是对职位级别比自己高、年龄比自己大的人就更不能用名字来称呼，否则会显得很不礼貌。

2. 没有清楚的邮件主题

邮件主题也是不能忽略的细节之一，因为对方在收到邮件的时候，总是会根据主题来判断该邮件是否值得阅读。如果我们没有认真地写主题，只是随便地标记一些简单的字母、字符，就很可能被对方认为是垃圾邮件、广告邮件而直接删除。

因此，我们应当尽可能地在标题中简单地说明用意，好让对方一看到邮件就知道我们是有问题向他请教。

3. 对自己的基本信息遮遮掩掩

发邮件时最忌讳对自己的信息遮遮掩掩，如果像案例中的提问者那样什么信息都不留，就会让对方认为我们对他具有防范心理，会让他感觉很不舒服，他就不会给予我们热情的回馈了。

既然想要请教对方问题，就应当如实地交代一下自己的基本情况，如自己的姓名、单位、联系电话等都应当写在邮件中。之后，我们还应当简单说明一下自己是从什么渠道知道对方的，这样既能显示出自己提问的态度很真诚，又便于对方选择合适的方式与我们沟通。

4. 问题描述很不清晰

想要从对方那里获得有价值的答案，就必须将我们的问题描述得清清楚楚，如果像案例中的提问者那样只用一句话来描述问题，就会给对方造成理解上的困难，会让对方有无从下手之感。

因此我们要精心设计我们的问题，在一封邮件中最好只询问一个重要的问题，不要同时询问多个问题。而且邮件开篇应点明主题，之后的描述要层次分明。假如问题比较复杂，不妨分点用

“第一、第二、第三……”来描述清楚，但每个段落都要简明扼要，不可长篇大论。

如果感觉文字难以描述清楚问题，也可以加上图表，有必要的话还可以使用附件，同时要在正文里提醒对方查收附件。不过附件的数量不能太多，否则也会给对方造成不便，所以如果附加的文件较多的话，不妨打包压缩为一个文件后再上传附件。

除了以上几点外，我们还应注意在邮件中写明自己希望对方如何回复，或者需要对方提供哪方面的帮助，这会让对方在撰写回复时更有方向感。此外，为了便于对方顺畅阅读，我们还要学会使用流畅、简洁的语言来撰写邮件，文字中不能出现错别字、病句，以免影响对方的理解。为此，在邮件发送前我们可以自己先阅读一遍，确保文字通顺，才能发给对方。

图书在版编目（CIP）数据

提问的艺术：为什么你这么问 / 于富荣，周婷著．—北京：中国法制出版社，2019.7

ISBN 978-7-5216-0342-2

Ⅰ．①提…　Ⅱ．①于…　②周…　Ⅲ．①提问—言语交往—通俗读物　Ⅳ．①B842.5-49

中国版本图书馆 CIP 数据核字（2019）第 140559 号

策划编辑：李佳（amberlee2014@126.com）

责任编辑：李佳　黄一迪　　封面设计：汪要军

提问的艺术：为什么你这么问

TIWEN DE YISHU：WEI SHENME NI ZHEME WEN

著者 / 于富荣　周婷

经销 / 新华书店

印刷 / 三河市紫恒印装有限公司

开本 / 880 毫米 ×1230 毫米　32 开　　印张 / 9　字数 / 185 千

版次 / 2019 年 7 月第 1 版　　2019 年 7 月第 1 次印刷

中国法制出版社出版

书号 ISBN 978-7-5216-0342-2　　定价：39.80 元

北京西单横二条 2 号　邮政编码 100031　　传真：010-66031119

网址：http://www.zgfzs.com　　**编辑部电话：010-66038703**

市场营销部电话：010-66033393　　**邮购部电话：010-66033288**

（如有印装质量问题，请与本社印务部联系调换。电话：010-66032926）